W0201997

Schulaufgabentrainer

Fokus Mathematik 9

Gymnasium Bayern

Cornelsen

Erarbeitet von
Irmgard und Anton Wagner

Verlagsredaktion
Christina Schwalm

Layoutkonzept
Bärbel Simon

Technische Umsetzung
CMS Cross Media Solutions GmbH, Würzburg

Technische Zeichnungen
Christine Wächter, Berlin; Ulrich Sengebusch, Geseke

Umschlagfoto
Peter Wirtz/FOTOGRAFIE, Dormagen

weitere Begleitmaterialien zum Lehrwerk Fokus Mathematik Bayern 9
ISBN: 978-3-464-54019-0

für Schülerinnen und Schüler
Grundwissen 5 – 10: 978-3-464-54201-9

für Lehrerinnen und Lehrer
Lösungsheft 9: 978-3-464-54099-2
Kopiervorlagen 9: 978-3-464-54101-2

www.cornelsen.de

1. Auflage, 5. Druck 2018

Druck: H. Heenemann, Berlin

ISBN 978-3-464-54049-7

PEFC
PEFC/04-31-1156

PEFC zertifiziert
Dieses Produkt stammt aus nachhaltig bewirtschafteten Wäldern und kontrollierten Quellen.
www.pefc.de

Inhalt

Vorwort

Liebe Schülerin, lieber Schüler,

im kommenden Schuljahr stehen vier Wochenstunden Mathematik auf dem Stundenplan. In einer Konferenz haben die Lehrer[1] deiner Schule bereits festgelegt, welche Arten von großen und kleinen Leistungserhebungen auf dich zukommen. Wie in jedem Schuljahr können dabei auch Tests geschrieben werden, allerdings sind diesmal keine benoteten bayernweiten Vergleichstests wie der BMT vorgesehen. Erkundige dich frühzeitig bei deinem Mathematiklehrer, was an deiner Schule in diesem Schuljahr üblich ist und wie die Noten gewichtet werden.
Mit diesem Schulaufgabentrainer sollst du dich auf jede Art von schriftlichen Leistungserhebungen wie z. B. Schulaufgaben, Kurzarbeiten und Tests gezielt vorbereiten können. Er hilft dir aber auch, Lücken zu schließen, falls es für dich nicht möglich ist, Intensivierung im Fach Mathematik zu besuchen.

- Seit Dezember 2003 gelten im Fach Mathematik Bildungsstandards für den Mittleren Bildungsabschluss, die von der Kultusministerkonferenz beschlossen wurden. Im ersten Teil des Trainers findest du deshalb eine Beschreibung der sechs allgemeinen Kompetenzen sowie Beispielaufgaben und Aufträge dazu. Da es kaum eine Aufgabe gibt, in der nur eine mathematische Kompetenz von dir gefordert wird, haben die Autoren dieses Hefts dabei auch verwandte Themen zusammengefasst und versucht alle Themenstränge des Bayerischen Mathematiklehrplans (Zahlen, Geometrie, Funktionen, Stochastik) abzudecken. Weitere Aufgabenbeispiele findest du im Internet unter www.isb.bayern.de → Gymnasium → Fächer → Mathematik → alle Materialien → KMK Standards und BMT. Dort kannst du auch die offiziellen Beschreibungen der sechs Kompetenzen (mathematisch argumentieren, Probleme mathematisch lösen, mathematisch modellieren, mathematische Darstellungen verwenden, mit symbolischen, formalen und technischen Elementen der Mathematik umgehen, kommunizieren) nachlesen.
- Am Ende des ersten Teils befindet sich ein Beispiel für einen Test zu deinem Grundwissen, in dem alle diese Kompetenzen gefordert werden. Die Lösungen dazu stehen im eingelegten Beiheft. Weitere Beispiele findest du am Ende des Trainers 8 oder auf den Seiten des ISB unter „Jahrgangsstufentests von Schulen". Bearbeite auch diese Tests wieder **ohne Taschenrechner** und unter Zeitdruck.
- Im zweiten Teil des Trainers sind Beispiele für Schulaufgaben unterschiedlicher Länge aufgeführt, sodass du dich auch für Kurzarbeiten vorbereiten kannst. Einzelne Themen oder Texte sind hierbei mit einem * markiert. Dein Lehrer kann diese, muss sie aber nicht im Unterricht behandeln. Frage deinen Lehrer vor jeder Arbeit, welche Themen er abprüfen wird, und suche die entsprechenden Aufgaben dazu im Trainer. Arbeite wie bisher unter Zeitdruck und ziehe bei Problemen zunächst die Seiten *Das hättest du wissen müssen* zu Rate, bevor du in den Lösungen nachliest. Bemühe dich sorgfältig darum, Fehler, die dir unterlaufen sind, zu verstehen. Nur so kannst du sie beim nächsten Mal vermeiden.
- Zusätzlich zu den Schulaufgaben sind wieder Beispiele für Tests zum Halbjahr und zum Schuljahresende mit dem für den BMT charakteristischen Bewertungsschlüssel angegeben. Die Jahrgangsstufe 10 beginnt ja wieder mit einem BMT.
- Am Ende der Lösungsbeilage befindet sich ein möglicher Notenschlüssel für Schulaufgaben. Damit und mithilfe der Punktzahlen für die einzelnen Teilaufgaben unter jeder Aufgabe kannst du feststellen, wie die Autoren dieses Trainers deine Leistung bewerten würden. Frage jedoch auch hier bei deinem Lehrer nach, wie er beurteilt.

Nun wünschen wir dir viel Spaß beim Bearbeiten der Aufgaben und viel Erfolg in Tests und Schulaufgaben.

[1] Gemeint sind Lehrerinnen und Lehrer.

Mit Mathematik symbolisch, formal und technisch umgehen

In diesem Abschnitt sollst du mit Zahlen, Termen, Gleichungen, Funktionen, Diagrammen und Tabellen arbeiten sowie prüfen, ob du alle nötigen Lösungs- und Kontrollverfahren (wie Probe und Überschlagsrechnung) ausführen kannst. Dazu gehört natürlich auch, dass du die formale Sprache der Mathematik anstelle der Alltagssprache verwendest. Außerdem musst du mathematische Werkzeuge wie z. B. den Taschenrechner sinnvoll auswählen und einsetzen können.

Beispiel 1: Im Wirtschaftsteil des Mühldorfer Anzeigers vom 20. Februar 2007 war zu lesen, dass der Satellitenbetreiber SES Global im Jahr 2006 einen Umsatzzuwachs um 28,4 % auf 1,6 Milliarden Euro verbuchen konnte.
Den Umsatz im Jahr 2005 kannst du z. B. mithilfe einer linearen Gleichung ermitteln, wenn du verwendest, dass $1\,\% = \frac{1}{100}$ ist und das Wörtchen „von" in diesem Zusammenhang als „mal" gedeutet werden kann: 128,4 % von x = 1,6 Milliarden Euro ergibt somit als lineare Gleichung $1{,}284x = 1{,}6 \cdot 10^9\,€$ mit der Lösung $x = \frac{1{,}6 \cdot 10^9\,€}{1{,}284\,€} \approx 1{,}25 \cdot 10^9\,€$. Der Umsatz 2005 betrug also etwa 1,25 Milliarden Euro.

Auftrag T1: *Um wie viel Prozent war der Umsatz im Jahr 2005 geringer als der im Jahr 2006? Prüfe dein Ergebnis mit einer Überschlagsrechnung.*

Beispiel 2: Vereinfache den Term $0{,}5^3 \cdot \left(x - \frac{2^4}{5}a\right) - 2^{-2}x - 1{,}5\,a$ so weit wie möglich.
Mithilfe des Distributivgesetzes und der Rechenregeln für Potenzen und Brüche ergibt sich $\frac{1}{8}x - \frac{2}{5}a - \frac{1}{4}x - 1{,}5\,a = -\frac{1}{8}x - 1{,}9\,a$ als mögliche Schreibweise für einen vereinfachten Term.

Auftrag T2: *Vereinfache den Term $\frac{x-1}{a} - \frac{3x+2}{3a}$ (mit $a \neq 0$) so weit wie möglich. Das Ergebnis soll keinen Bruchstrich enthalten.*

Beispiel 3: Gib an, welche Werte für x bzw. y sicher ausgeschlossen werden müssen. Ermittle die Lösung des Gleichungssystems und mache die Probe: (I) $3x - 5y = 7$

(II) $\frac{1}{x} = \frac{1}{2y}$

x und y dürfen nicht 0 sein, da man durch 0 nicht dividieren darf. Aus Gleichung (II) erhält man $x = 2y$. Mit dem Einsetzverfahren ergibt sich als Lösung des Gleichungssystems $(14|7)$.

Probe: linke Seite der Gleichung (I): $3 \cdot 14 - 5 \cdot 7 = 42 - 35 = 7$ = rechte Seite

linke Seite der Gleichung (II): $\frac{1}{14}$; rechte Seite der Gleichung (II): $\frac{1}{2 \cdot 7} = \frac{1}{14}$

Auftrag T3: *Löse das Gleichungssystem und mache die Probe.* (I) $2x - y = 6$

(II) $2 - 3y = 4x$

Beispiel 4: Mithilfe von Graphen lassen sich Gleichungen und Ungleichungen – zumindest näherungsweise – lösen.
In der Zeichnung sind z. B. die Graphen zu $f(x) = x - 3$ bzw. $f(x) = \frac{x}{x-4}$, $x \neq 4$ dargestellt. Man kann ablesen, dass die Gleichung $x - 3 = \frac{x}{x-4}$ die beiden Lösungen $x = 2$ bzw. $x = 6$ besitzt.
Diese Gleichung kannst du noch nicht rechnerisch lösen, weil nach Über-Kreuz-Multiplizieren die Gleichung $x^2 - 7x + 12 = x$ entsteht. Die Probe bestätigt die graphischen Lösungen.

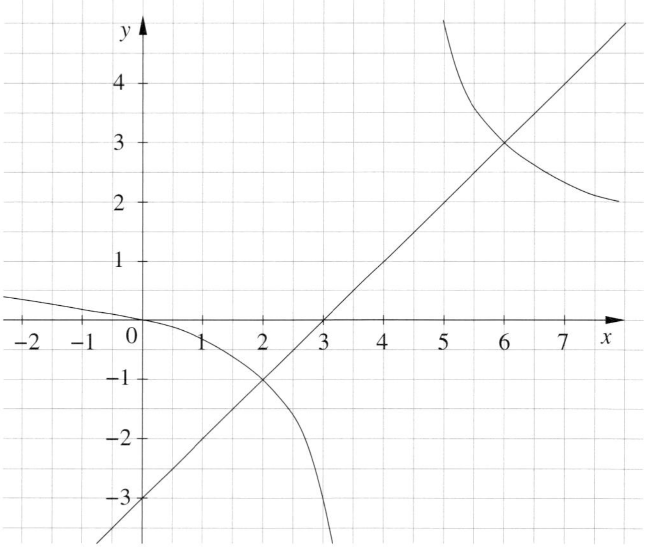

Auftrag T4: *Ermittle die Lösungen von $x - 3 \leq 2 - x$ bzw. von $x - 3 > \frac{x}{x-4}$. Verwende dazu das Koordinatensystem aus Beispiel 4.*

Beispiel 5: Mittlerweile darfst du auch Taschenrechner verwenden, die Wertetabellen für Funktionen angeben können. Das erleichtert das Zeichnen von Graphen und lässt Vermutungen über deren Aussehen an kritischen Stellen zu.
So erkennst du z. B., dass sich der Graph von $f(x) = \frac{3}{x-5} - 2$ für sehr große x-Werte der Geraden $y = -2$ annähert, weil die Werte des Terms $\frac{3}{x-5}$ $(x \neq 5)$ für immer größer werdende positive x-Werte zwar positiv bleiben, jedoch immer näher an den Wert $y = 0$ herankommen. Die y-Werte nähern sich also dem Wert $y = -2$ an, sind aber immer noch etwas größer als -2, auch wenn x sehr groß ist. Der Graph nähert sich der Asymptote $y = -2$ deshalb von oben an. Ähnlich kannst du das Verhalten der Funktionswerte in der Umgebung der Definitionslücke $x = 5$ durch Überlegen oder mit dem Taschenrechner feststellen.

Auftrag T5: *Tom hat für die* Funktion $f(x) = \frac{3}{x-5} - 2$; $x \neq 5$ vier Werte ermittelt:
$x = 4;\ y = -6{,}25$
$x = 4{,}5;\ y = -6{,}\overline{3}$
$x = 4{,}95;\ y \approx -6{,}4$
$x = 5{,}05;\ y \approx -6{,}4$
Beschreibe Toms Fehler, korrigiere die Werte und zeichne den Graphen.

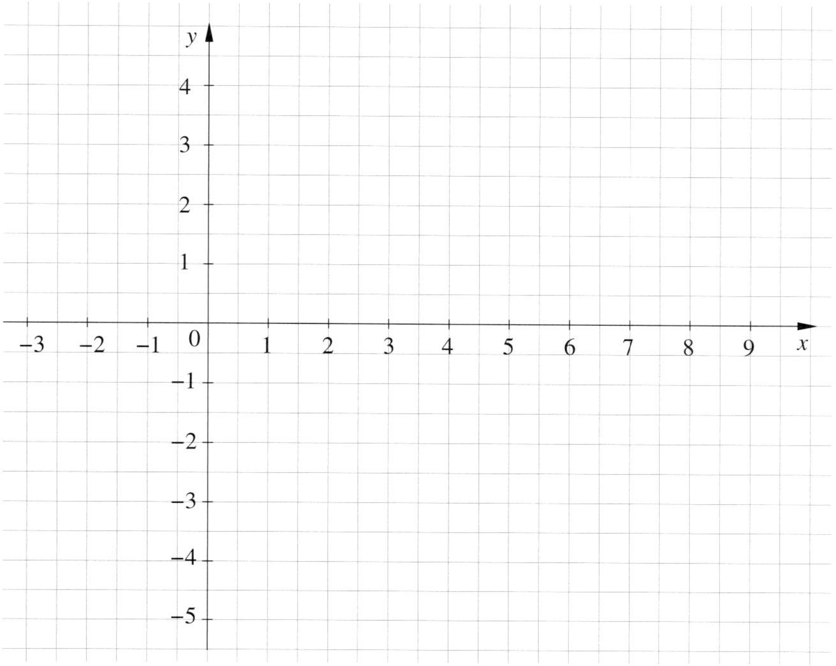

Beispiel 6: Bei der Arbeit mit dem Taschenrechner kommst du manchmal nur mit Überlegen und Argumentieren weiter. So erscheint 0,058 823 529 als Ergebnis der Division 1 : 17, was sicher nicht richtig sein kann (die Probe liefert als letzte Ziffer die Endziffer von $9 \cdot 7$, also 3). Man kann auch nicht entscheiden, ob die letzte Ziffer im Ergebnis tatsächlich eine 9 ist oder ob gerundet wurde.
Die Division 1000 : 17 = 58,823 529 41 liefert zwar weitere Erkenntnisse, aber es gibt keine Möglichkeit, die Periode anzuzeigen, weil die meisten Taschenrechner nicht mehr als 12 Stellen besitzen (die Periodenlänge ist hier jedoch 16).
Ein gebräuchlicher Taschenrechner kann die Aufgabe $(5{,}0 \cdot 10^{51}) : (2{,}5 \cdot 10^{-51})$ gar nicht lösen, du dagegen kannst mithilfe der Rechenregeln für Potenzen schnell das Ergebnis $2{,}0 \cdot 10^{102}$ finden.

Auftrag T6: *Erkläre, weshalb der Taschenrechner für $2{,}4 \cdot 10^{-15} + 6{,}0 \cdot 10^{-3}$ als Ergebnis $6{,}0 \cdot 10^{-3}$ liefert, und sage die Taschenrechneranzeige für $2{,}4 \cdot 10^{15} + 6{,}0 \cdot 10^{3}$ vorher.*

Mathematische Darstellungen verwenden

Im Alltag werden beispielsweise Ergebnisse von Umfragen oder auch andere Daten auf vielfältige Art und Weise in Diagrammen dargestellt. Du sollst diese unterscheiden, interpretieren und überprüfen können. Hilfreich ist dabei nicht nur die Fähigkeit, unterschiedliche Darstellungsformen je nach Situation und Zweck auswählen und verwenden zu können, sondern auch die Kenntnis einfacher Verfahren zur Manipulation in Diagrammen. Außerdem kannst du damit die Aussagekraft ungewohnter Darstellungen besser beurteilen und Fehler erkennen.

Beispiel 1: Mithilfe von Säulendiagrammen sollen die Ergebnisse der Klassensprecherwahlen in zwei aufeinander folgenden Schuljahren dargestellt werden. In jedem der beiden Schuljahre standen die Schüler Hannah, Uli und Eugen zur Wahl.

Im ersten Jahr:

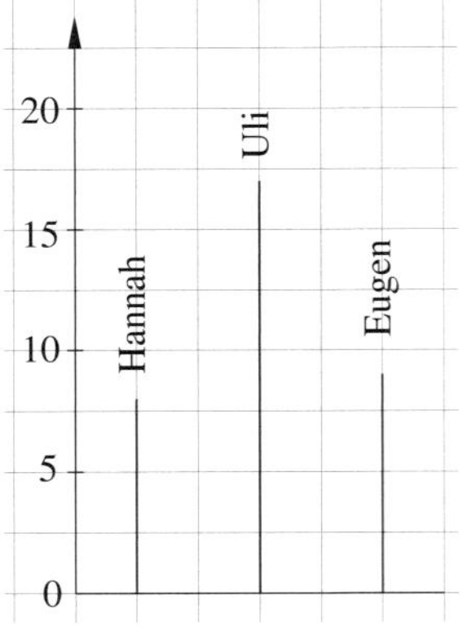

Im zweiten Jahr:

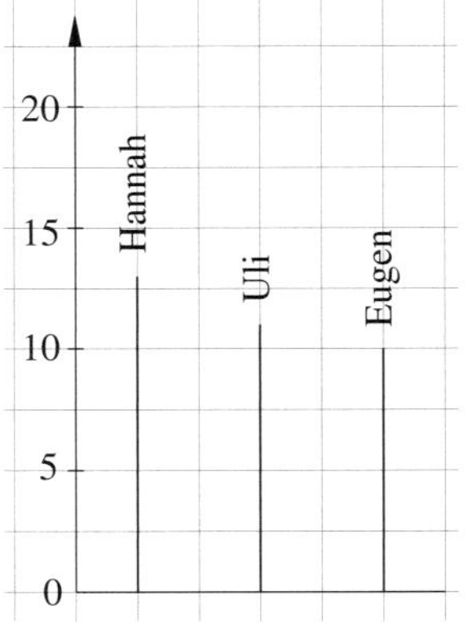

In beiden Jahren:

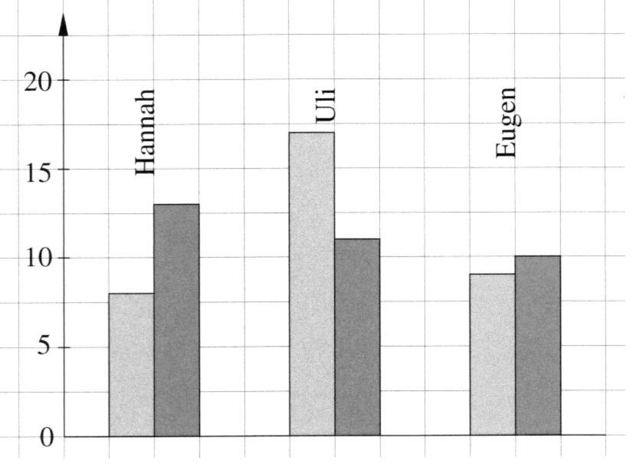

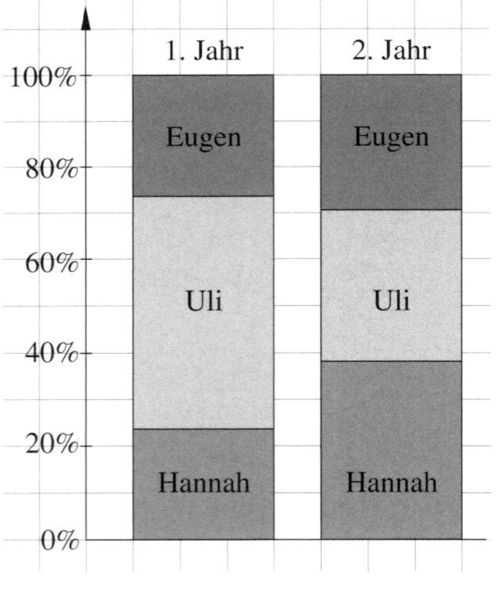

Welche der Diagramme zeigen die Veränderung der Wahlergebnisse besonders deutlich?

Lösung: Sowohl das Diagramm, in dem die Säulen für beide Jahre nebeneinander gezeichnet sind, als auch das Stapeldiagramm zeigen die Veränderung im zeitlichen Verlauf besser als die getrennte Darstellung in den Strichdiagrammen. Im Stapeldiagramm werden durch Inhalte von Rechtecksflächen zusätzlich relative Anteile sichtbar gemacht.

Auftrag D1: *Überprüfe durch Überschlagsrechnungen die Angaben zur relativen Häufigkeit im Stapeldiagramm.*

Beispiel 2: Während der Vorbereitungsphase zur Fußballweltmeisterschaft 2006 veröffentlichte eine Zeitung das Ergebnis ihrer Umfrage zum gewünschten Nationaltorhüter. Als Zusatztext wurde veröffentlicht: Zu 100 % fehlende Angabe „weiß nicht".
Welche gravierenden Fehler sind in der Darstellung enthalten? Welchen Eindruck kann ein nicht vorbelasteter Betrachter gewinnen, wenn es um die Wahl des „besten" Torhüters geht?

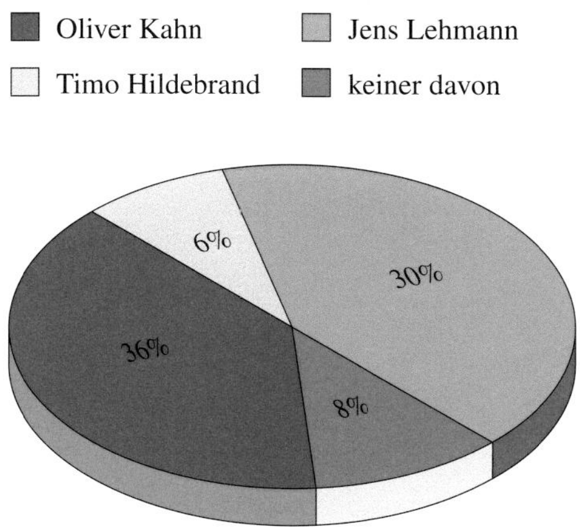

Lösung: Die absolute Größe der Anteile z. B. zu 30 % bzw. auch zu 36 % ist nicht richtig dargestellt, da der Anteil für 30 % in der Zeichnung größer erscheint als der Anteil für 36 %. Zudem müsste einem Anteil von z. B. 30 % in einem Kreisdiagramm ein Winkel von 108° entsprechen und nicht wie hier von fast 145°. Der Verfasser versuchte offensichtlich die Leser davon zu überzeugen, dass eine Mehrheit Jens Lehmann als Nationaltorhüter sehen möchte.

Nach Protesten der Leser wurde ein weiteres Diagramm veröffentlicht:

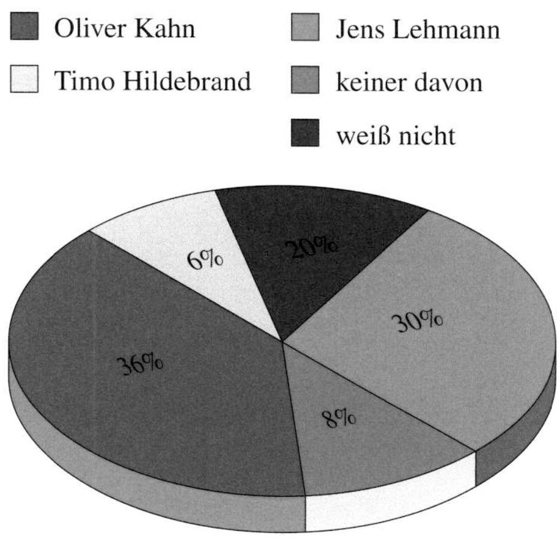

Auftrag D2: *Zeichne ein Kreisdiagramm, das alle Anteile passend berücksichtigt, und erläutere, welcher neue Fehler im „korrigierten" Diagramm passiert ist.*

Beispiel 3: Das Bild zeigt die Streckenführung der 5,303 km langen Rennstrecke des großen Preises von Australien. Im Jahr 2007 wurde die Saison mit diesem Rennen eröffnet. An einzelnen Punkten der Strecke sind Geschwindigkeiten angegeben, die dort in etwa gefahren werden.

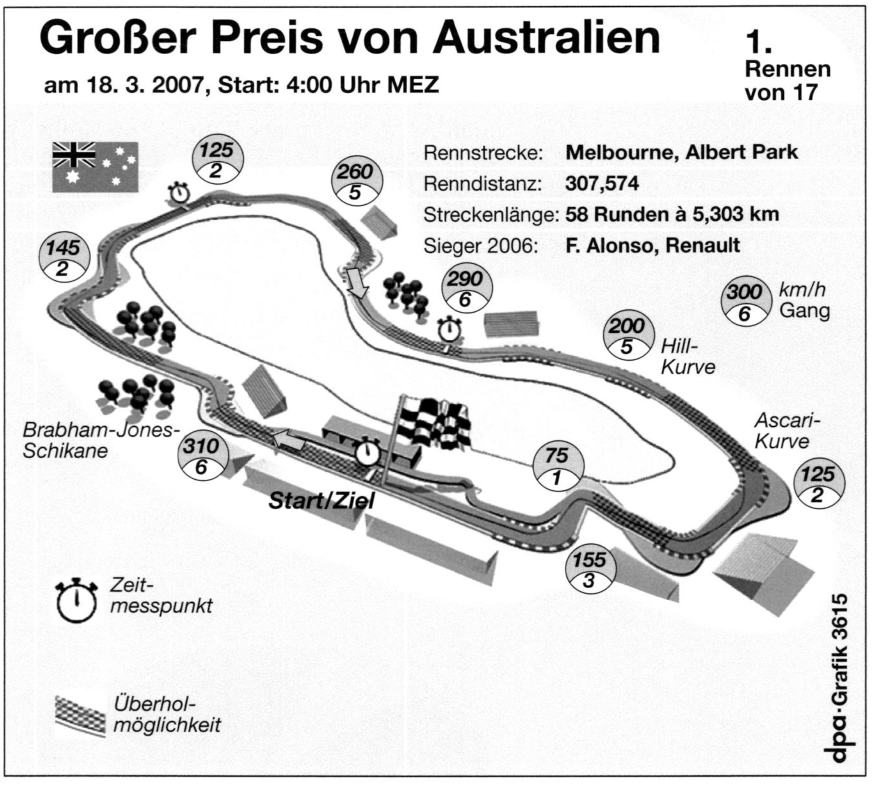

Das *t*-*v*-Diagramm zeigt die erste Trainingsfahrt eines Rennfahrers.

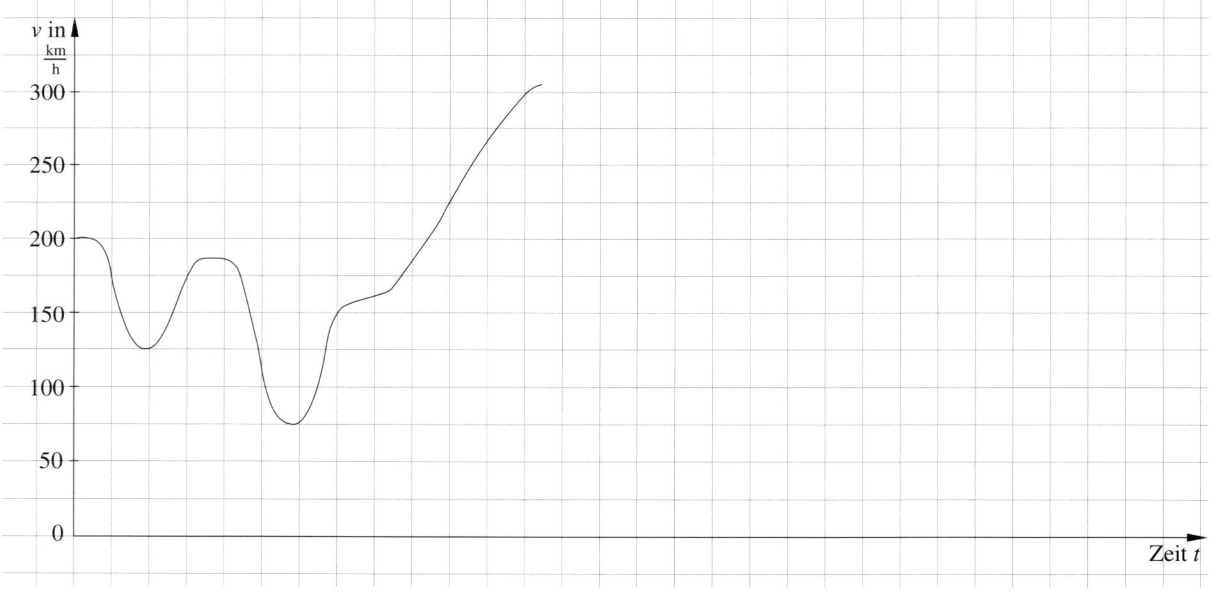

Auftrag D3: *Zu welchem Abschnitt der Rennstrecke passt das Diagramm?*

Setze das t-v-Diagramm bis zum nächsten Zeitmesspunkt fort.

Mathematisch argumentieren und kommunizieren

Mathematiker stellen charakteristische Fragen wie z. B. „Wie verändert sich der Flächeninhalt eines Dreiecks, wenn seine Höhe kleiner wird?“ und entwickeln mathematische Argumentationen, die man auch als Begründungen oder Beweise bezeichnet. In diesem Zusammenhang musst du Überlegungen, Lösungswege und Ergebnisse verständlich unter Verwendung von Fachbegriffen darstellen können. Im täglichen Leben begegnest du häufig Texten oder Darstellungen mit mathematischem Inhalt. Auf derartige Äußerungen sollst du eingehen, sie bewerten und gegebenenfalls berichtigen können.

Beispiel 1: Der Winkel β im Dreieck ABC misst 72°. Ermittle alle weiteren Winkel im Dreieck, falls M der Mittelpunkt des Kreises durch A, B und C ist.

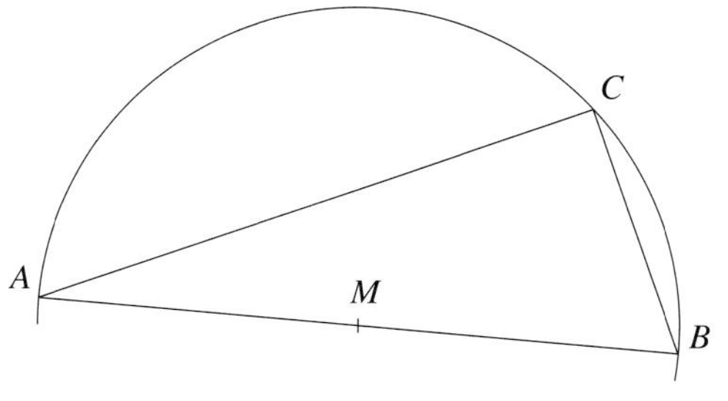

Lösung: C liegt auf dem Kreis um M durch A und B; dieser Kreis ist der Thaleskreis über der Strecke $[AB]$. Das Dreieck ABC ist also rechtwinklig, der Winkel α misst deshalb $180° - (90° + 72°) = 18°$ (Winkelsumme im Dreieck).

Auftrag A1: *Zeichne in einem rechtwinkligen Dreieck ABC mit Hypotenuse c die Höhe h auf die Hypotenuse ein. h schneidet c im Punkt D. Begründe, dass die beiden dadurch entstehenden Teildreiecke ADC bzw. DBC zueinander ähnlich sind, und berechne die Länge der Höhe h, wenn* $\overline{BC} = 5\,\text{cm}$ *und* $\overline{AD} : \overline{AC} \approx 0{,}95$ *ist.*

Beispiel 2: Eine lineare Funktion f besitzt die Gleichung $f(x) = -1\frac{1}{3}x + 4$. Der zugehörige Graph schneidet die x- bzw. y-Achse in A bzw. B.
Hans behauptet: „Der Umkreismittelpunkt des Dreiecks, das der Ursprung des Koordinatensystems mit A und B bildet, hat die Koordinaten $(1{,}5|2)$ und liegt auf dem Graphen von f."
Diese Aussage lässt sich z. B. so begründen: Das Dreieck ABO ist rechtwinklig mit rechtem Winkel in O. Der Umkreismittelpunkt eines rechtwinkligen Dreiecks ist die Mitte der Hypotenuse, liegt also auf der Geraden AB, die den Graphen von f darstellt. Die Koordinaten dieser Mitte ergeben sich als erste Koordinate der Mitte zwischen O und A bzw. als zweite Koordinate der Mitte zwischen O und B. Die dazu nötigen Koordinaten erhältst du aus den Schnittpunkten des Graphen von f mit den beiden Koordinatenachsen, also aus $(0|4)$ und $(3|0)$.

Auftrag A2: *Hans sagt, dass er seine Aussage nur mithilfe der Gleichung von f begründen kann. Führe die Argumentation ebenfalls ohne Verwendung des Satzes von Thales und überprüfe die Behauptung von Hans.*

Auftrag A3: *Im Mühldorfer Anzeiger vom 20. Oktober 2006 stand unter der Überschrift „Preis fällt ein wenig" zu lesen:*

> … Andere verkaufen die klammheimliche Preiserhöhung sogar als Senkung. Milupa reduzierte die Milchbreimenge von 300 auf 250 Gramm und senkte gleichzeitig den unverbindlichen Richtpreis von 2,19 € auf 1,99 €. 16,7 Prozent weniger in der Packung und ein um 9,1 Prozent gesunkener Preis ergeben zusammen unter dem Strich eine Preiserhöhung um immerhin neun Prozent …

Überprüfe die Angaben aus dem Zeitungsartikel und berechne einen Preis für die neue Packungsgröße, der weder Preiserhöhung noch Preissenkung bedeutet hätte.

Beispiel 3: Heiner hat vier DIN-A4-Hefte mit blauen und zwei mit roten Umschlägen aus seinem Heftevorrat ausgewählt. Er legt sie zufällig in eine Reihe und überlegt, wie wahrscheinlich es ist, dass alle blauen Hefte nebeneinander zu liegen kommen. Er argumentiert so:
„Da es drei Möglichkeiten gibt, alle blauen Hefte zusammen vor, zwischen oder hinter die roten zu legen, ist die Wahrscheinlichkeit für vier blaue nebeneinander $\frac{3}{6!}$."
Andrea bezweifelt diese Argumentation und behauptet, dass die Wahrscheinlichkeit für das Ereignis 20% beträgt. Wer hat Recht?

Lösung: Heiner hat bei der Überlegung zur Anzahl der günstigen Elementarereignisse die blauen und roten Hefte als nicht weiter unterscheidbar angesehen, bei der Anzahl der Elemente in Ω aber sechs verschiedene Objekte betrachtet. Diese beiden Vorgehensweisen passen nicht zusammen.
Würde er z.B. die Hefte nummerieren, so enthält Ω zwar tatsächlich 6! Elemente, A enthält jedoch $4! \cdot 2! \cdot 3$ Elemente, weil man die blauen Hefte in diesem Fall auf $4 \cdot 3 \cdot 2 \cdot 1$ Arten und die roten auf $2 \cdot 1$ Arten nebeneinander legen kann. Für ein Nebeneinanderliegen der blauen Hefte gibt es dann, wie Heiner argumentiert, noch jeweils drei Möglichkeiten. Berechnet man die Wahrscheinlichkeit für A mit
$P(A) = \frac{\textit{Anzahl der Elemente in } A}{\textit{Anzahl der Elemente in } \Omega} = \frac{4! \cdot 3!}{6!}$, so erhält man das Ergebnis von Andrea.

Auftrag A4: *Ein Glücksrad wird einmal gedreht. Heiner, Toni und Karin geben zu diesem Experiment folgende Ergebnisräume an:*
$\Omega_1 = \{1, 2, 3, 4, 5, 6, 7, 8\}$, $\Omega_2 = \{\text{weiß, rot, blau, grün}\}$, $\Omega_3 = \{Z < 5; Z \geq 5\}$.
Antoine hat das Glücksrad selbst nicht gesehen und glaubt nicht, dass alle diese Ergebnisräume zum Ermitteln von Wahrscheinlichkeiten geeignet sind.
Zeichne ein passendes Glücksrad und überzeuge Antoine. Berechne außerdem die Wahrscheinlichkeit für das Ereignis: „Der Zeiger ist auf einer Primzahl stehen geblieben".

Probleme mathematisch modellieren und lösen

Alltagsfragen können häufig in Mathematik übersetzt und dann in dem jeweiligen mathematischen Modell gelöst werden. Neben der Auswahl geeigneter Strategien zum Problemlösen (z. B. Einzelfälle ausprobieren, mit einem Teilproblem beginnen, Vorwärts- oder Rückwärtsarbeiten) sollst du auch die Ergebnisse einer Modellierung interpretieren und ihre Plausibilität überprüfen können. Häufig werden mehrere Lösungswege existieren, die du kritisch überdenken und in ihrer Effektivität beurteilen sollst. Dabei kann es auch nötig werden zu überprüfen, ob die gewählte Modellierung passt.

Beispiel 1: $\frac{1}{3}$ eines Zaunpfahls steckt im Boden.
$\frac{1}{3}$ vom Rest, das sind 20 cm, ist von Unkraut überwuchert.
Wie lang ist der Pfahl?

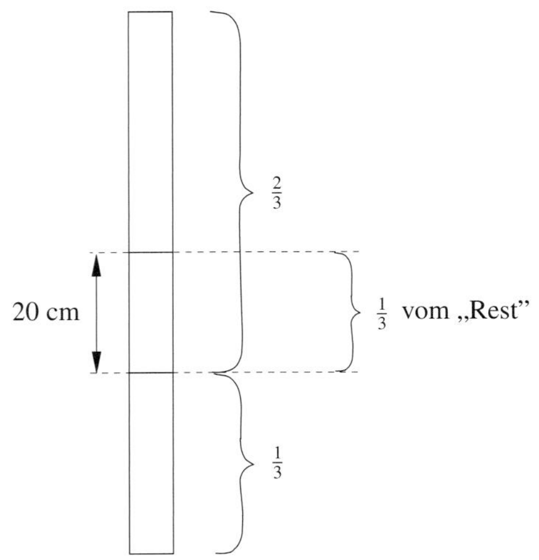

Lösung 1: Anhand einer Skizze wird deutlich, dass die 20 cm, die von Unkraut überwuchert sind, dem Bruchteil $\frac{1}{3}$ von $\frac{2}{3}$ entsprechen. Die Länge des Pfahls ergibt sich als Lösung der Gleichung $\frac{2}{9}x = 20\,\text{cm}$. Der Pfahl ist 90 cm lang, was sich durch Probe bestätigen lässt.

Lösung 2: Die Skizze legt auch ein anderes Vorgehen nahe. Mit dem Term $3 \cdot 20\,\text{cm}$ kann man berechnen, dass der Teil des Pflocks über dem Boden 60 cm misst. Da das $\frac{2}{3}$ der gesamten Länge sind, ist der Pflock 90 cm lang.

Auftrag M1: *Einer der Pfähle eines Holzstegs am Chiemsee steckt zu 20 % seiner Länge im Schlamm, $\frac{4}{7}$ des Rests befinden sich unter dem Wasserspiegel, 80 cm darüber.*
Katja ermittelt die Länge des Pfahls mit der Gleichung $\left(1 - 20\,\% - \frac{4}{7}\right) \cdot x = 80\,\text{cm}$ und berechnet so 3,50 m Gesamtlänge. Wie ist Katja vorgegangen? Überprüfe ihr Ergebnis und korrigiere es, falls nötig.

Beispiel 2: Ein niederbayerisches Kurhotel macht im Werbeprospekt folgendes Angebot (die Preise beziehen sich jeweils auf eine Person im Doppelzimmer):

Übernachtung incl. Frühstücksbuffet und Abendmenü mit Tischgetränken	49 €
Kurzzeitaufenthalte (1–2 Übernachtungen) Übernachtung incl. Frühstücksbuffet	37 €
Frühstück pro Person	9,50 €
Halbpension	25 €

Unter der Rubrik „Unser Angebot 2007“ stand unter anderem zu lesen:

„Hof Wochenende“ mit 2 Übernachtungen incl. Frühstücksbuffet und Abendmenü mit Tischgetränken, zwei Massagen und zwei Eintritten in das Kurbad	169 €

Ein Ehepaar buchte das „Hof Wochenende“ und findet vor Ort heraus, dass die beiden Massagen zusammen pro Person 28 € kosten, der Eintritt in das Kurbad je 15 € beträgt. Da beide Ehegatten für das Kurbad ermäßigte Zehnerkarten zum Gesamtpreis von 135 € besitzen, kommen sie ins Grübeln.
Sie schildern an der Rezeption ihre Überlegungen: Zunächst geht jeder Kunde davon aus, dass ein Angebot günstiger ist als ein normales Arrangement. Dieses Angebot erscheint jedoch überteuert…

Auftrag M2: *Sind die Zweifel berechtigt? Wie könnte ein realistisches Angebot für ein „Hof Wochenende“ deiner Meinung nach aussehen?*

Beispiel 3: Die Quersumme einer zweistelligen natürlichen Zahl ist 13, ihre Zehnerziffer ist um 5 kleiner als ihre Einerziffer. Welche Zahlen kommen in Frage?

Lösung 1: Wählt man für Einer und Zehner geeignet Variable und übersetzt den Sachverhalt in die Sprache der Mathematik, so kann man die Zahl mithilfe eines Gleichungssystems finden. Mit x als Variable für die Einerziffer und y für die Zehnerziffer erhältst du die beiden Gleichungen (I) $x + y = 11$; (II) $y = x - 5$; dabei sind x und y aus $\{0, 1, 2, 3, 4, 5, 6, 7, 8, 9\}$ und $y \neq 0$. Lösen des Gleichungssystems liefert $x = 9$ und $y = 4$ und damit 49 als gesuchte Zahl. Ihre Quersumme ist 13 und die Zehnerziffer 4 ist um 5 kleiner als die Einerziffer.
Lösung 2: Du kannst auch mit einer einzigen Gleichung arbeiten, z. B. mit $x + (x - 5) = 13$.

Auftrag M3: *„Jägerlatein“*
Nach einer Treibjagd auf Hasen und Fasane berichtet Jäger Heinz stolz: „Ich habe enorm viele Fasane erlegt.“ Was sagst du dazu, wenn die Beute insgesamt 24 Köpfe und 86 Beine hatte?

Test zum Grundwissen

Beachte, dass du keinen Taschenrechner verwenden darfst!

1 In einem Parallelogramm $ABCD$ wird die Ecke A mit der Mitte der Seite $[CD]$ verbunden.

a) Zeichne eine Planfigur und erstelle einen möglichst einfachen Term für den Flächeninhalt der größeren der beiden Teilfiguren. Trage die von dir verwendeten Bezeichnungen ein. **2P**

b) Begründe, dass der Flächeninhalt der einen Teilfigur dreimal so groß ist wie der Inhalt der anderen.

1P

2 Ein rechteckiges Grundstück hat einen Flächeninhalt von $900\,\text{m}^2$ und ist an zwei Seiten von Straßen begrenzt. An einer der beiden anderen Seiten soll ein großes Tor mit 5,0 m Breite angebracht werden.

a) Welche der angegebenen Funktionsterme beschreiben die Situation sinnvoll?

$l = \frac{900}{k+5}$ ☐ $k = \frac{900}{l} - 5$ ☐ $l = \frac{900}{k} + 5$ ☐ **2P**

b) Gib die Definitionsmenge der Gleichung $25 = \frac{900}{l-5}$ an und löse sie.

2P

3 Schachteln, in denen Handys samt Zubehör verschickt werden, sind quaderförmig und fassen etwa 2 l. Nenne Maße, die so eine Schachtel haben kann.

1P

4 In einem Zeitungsartikel vom 10. November 2006 stand zu lesen: *Die Lufthansa hat dank des Asiengeschäfts und verbilligter Europa-Tickets im Oktober erneut kräftig zugelegt. Knapp fünf Millionen Fluggäste wurden gezählt, das waren 6,6 % mehr als im Vorjahresmonat, teilte Lufthansa mit. Die Auslastung lag bei 75,6 %, 1,6 Punkte über dem Vorjahr.*

a) Wie viel Prozent lag die Auslastung über dem Wert des Vorjahres?

6,6 % ☐ 1,6 % ☐ 2,1 % ☐ **1P**

b) Wie viele Passagiere flogen im September 2006 mit Lufthansa?

4,65 Mio. ☐ 4,89 Mio. ☐ 5,30 Mio. ☐ **1P**

5 a) Ermittle durch Rechnung die Lösung des Gleichungssystems:
(I) $-3x + 4y = 3$ (II) $y = x + \frac{1}{3}$ **2P**

b) Überprüfe deine Lösung aus a) im Koordinatensystem. **2P**

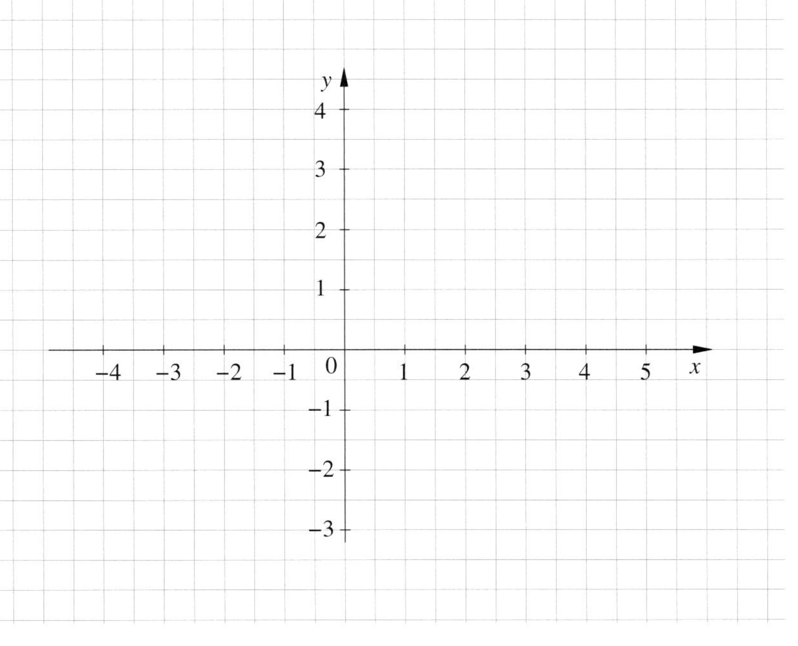

6 Ein Glücksrad mit den drei verschiedenfarbigen Sektoren Rot (15°), Blau (150°) und Schwarz wird einmal gedreht. Bleibt der Zeiger auf dem schwarzen Sektor stehen, gewinnt der Besitzer des Automaten. Steht er im roten Feld, gewinnt der Spieler doppelt so viel wie im Fall, dass der Zeiger im blauen Sektor landet.
Berechne die Wahrscheinlichkeit dafür, dass der Zeiger im roten Sektor stehen bleibt.

1P

7 Welcher der folgenden Terme ist **nicht** äquivalent zu $\frac{a}{b^2 c}$?

$\frac{a^{-1} c^3}{b^2 c^2}$ ☐ $\frac{a b^3}{b^5 c}$ ☐ $\frac{a^3 c^{-1}}{a^2 b^2}$ ☐

1P

8 Im Baumarkt stehen runde Blumentöpfe mit 20 cm, 25 cm bzw. 40 cm Durchmesser zur Auswahl. Der kleinste wird mit fünf Primeln so bepflanzt, dass eine Pflanze in der Mitte sitzt, die vier anderen werden in gleichem Abstand am äußersten Rand gesetzt.

a) Wie viele Primeln passen bei entsprechender Bepflanzung in die anderen Töpfe, wenn eine Pflanze in der Mitte sitzt, die anderen in jeweils demselben Abstand wie beim kleinsten Topf außen herum angeordnet werden?

2P

b) Im gleichen Baumarkt gab es Primeln in kreisrunden Töpfen mit Durchmesser 5 cm zu kaufen. Um die Farbkomposition zu testen, stellt der Gärtner zunächst die Blumen in ihren Töpfchen in den mit Erde gefüllten mittleren Topf. Wie viele solche Töpfe kann er, ohne sie zu quetschen, bequem hineinstellen? Gib deine Überlegungen an.

2P

9 Die Blumenvase wird gleichmäßig mit Wasser gefüllt. Welcher Graph zeigt die dazu gehörende Abhängigkeit der Füllhöhe von der Zeit?

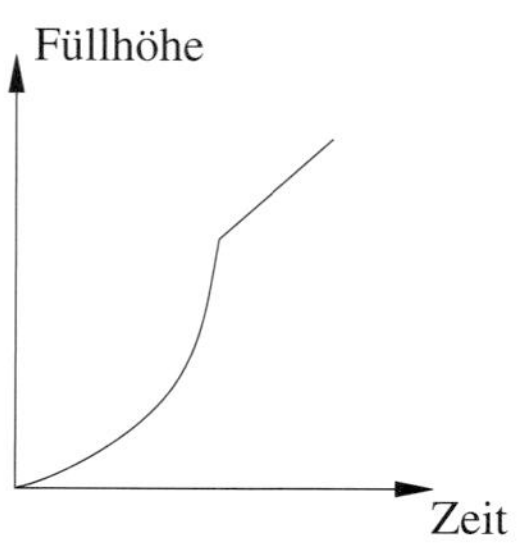

☐

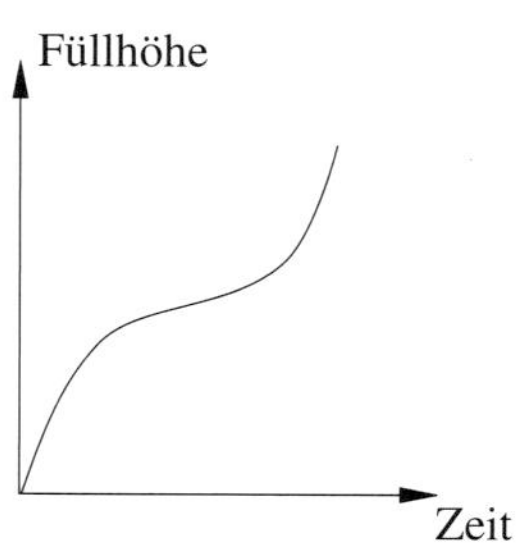

☐

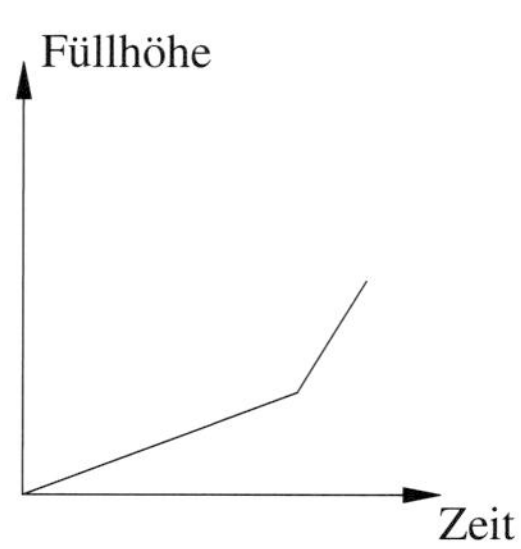

☐

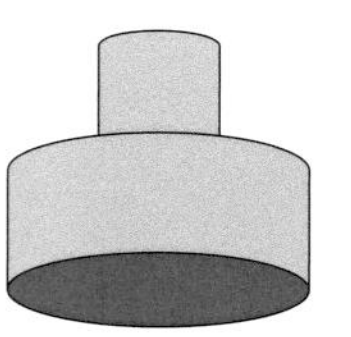

1P

Beispiel A für eine erste Schulaufgabe • Teil I

Thema: Irrational oder rational

1 a) Begründe ohne Taschenrechner für jede Zahl, ob sie rational oder irrational ist.

$2{,}05999999999\ldots$; $2{,}05005000500005\ldots$; $-\sqrt{\frac{400}{1681}}$ $2{,}05555\ldots$

b) Paul ermittelt mit dem Taschenrechner $\sqrt{2{,}5} = 1{,}581\,138\,83$ und behauptet deshalb, dass $\sqrt{2{,}5}$ eine rationale Zahl ist. Begründe oder widerlege seine Meinung.

*Thema: Näherungsweise Berechnung von Wurzeln**

2 Franziska verwendet die Formel $x_{n+1} = \frac{a + x_n^2}{2x_n}$, um Wurzeln näherungsweise zu berechnen.

a) Ermittle mit Franziskas Formel und deinem Taschenrechner einen möglichst guten Näherungswert für $\sqrt{2{,}5}$. Notiere auch alle wesentlichen Zwischenergebnisse.

b) Erkläre, was die in der Formel vorkommenden Variablen bedeuten, und vergleiche Franziskas Formel mit der aus dem Schulbuch.

Thema: Umgang mit Wurzeltermen

3 Vereinfache die Terme ohne Taschenrechner so weit wie möglich. Im Ergebnis sollen keine irrationalen Nenner vorkommen.

a) $6\sqrt{3} + 2\sqrt{5} - 3\sqrt{27} - \sqrt{500} =$ ______________________

____

b) $\frac{\sqrt{5}}{\sqrt{3}} - \frac{\sqrt{3}}{\sqrt{5}} =$ ______________________

____

c) $(2\sqrt{8} - 2\sqrt{32}) \cdot (\sqrt{8} + \sqrt{2}) =$ ______________________

____

____

d) $\frac{2\sqrt{2} - 3}{3\sqrt{2}} =$ ______________________

____

Thema: Termumformungen und Wurzeln

4 Harald hatte folgende Idee: „Mithilfe des Terms $T(x) = x - \frac{1}{x}$ kann ich Wurzelterme der Form $\frac{\sqrt{a}}{\sqrt{b}} - \frac{\sqrt{b}}{\sqrt{a}}$ so umformen, dass im Ergebnis alle Nenner rational sind. Dazu erweitere ich den Term $T(x) = x - \frac{1}{x}$ auf den Nenner x^2 und …"
Überprüfe Haralds Aussage am Beispiel $\frac{\sqrt{26}}{\sqrt{105}} - \frac{\sqrt{105}}{\sqrt{26}}$.

 Arbeitszeit: 35 Minuten *Wertung:* 4|3 4|5 4|4|4|3 5

Beispiel A für eine erste Schulaufgabe • Teil II

Thema: Konstruktionen mit Pythagoras

1 a) Konstruiere $\sqrt{58}$ mithilfe des Satzes von Pythagoras. Gib auch deine Überlegungen an.

b) $\sqrt{35}$ lässt sich mit dem Höhensatz, dem Kathetensatz, aber auch mit dem Satz des Pythagoras konstruieren.
Erläutere stichpunktartig, wie du bei jeder der drei Möglichkeiten vorgehst.
Welches der von dir zur Konstruktion vorgeschlagenen Dreiecke hat die kleinste Höhe und wie lang ist sie?

Thema: Berechnungen an Dreiecken

2 a) In einem rechtwinkligen Dreieck *ABC* ist eine Kathete 20 cm lang, die Höhe auf die Hypotenuse misst 12 cm. Berechne die Länge der fehlenden Dreiecksseiten.

b) Gib ein Beispiel für Grundlinie und Höhe eines gleichschenkligen, aber nicht gleichseitigen Dreiecks mit dem Flächeninhalt 20 m^2 an, und berechne die Umfangslänge dieses Dreiecks.

Thema: Argumentieren mit dem Satz des Pythagoras

3 a) Begründe auf zwei verschiedene Arten, dass ein rechtwinkliges Dreieck mit gleich langen Hypotenusenabschnitten gleichschenklig ist. Verwende bei einer der Argumentationen den Satz des Thales.

b) Ein Architekt behauptet: „Ich plane ein Haus mit einem First, der ein rechtwinklig-gleichschenkliges Dreieck mit Schenkellänge 5,7 m und einer 8,0 m langen Basis ist."
Überprüfe diese Behauptung.

Beispiel B für eine erste Schulaufgabe

1

Thema: Die Quadratwurzel

1 a) Gib für jeden der Terme die Definitionsmenge an und schreibe ihn ohne Wurzelzeichen.

$\sqrt{-x}^{\,2}$ ______

$\sqrt{-x^2}$ ______

$\sqrt{(-x)^2}$ ______

b) Hans hat als Lösung für die Gleichung $-\frac{2}{\sqrt{x}} = \frac{\sqrt{x}}{2}$ durch Über-Kreuz-Multiplizieren $x = -4$ ermittelt. Was sagst du zu Lösungsweg und Ergebnis?

______

______

______

Thema: Rechnen mit Wurzeln

2 a) Vereinfache den Term $\frac{1}{2}\sqrt{\frac{272}{34}} - \sqrt{8}$ ohne Taschenrechner so weit wie möglich.

______

______

b) Welche der angegebenen Terme haben denselben Wert wie $-2\sqrt{2}$? Ermittle für die anderen Terme Näherungswerte ***ohne*** Taschenrechner. Verwende dabei $\sqrt{2} \approx 1{,}4$.

$\frac{2}{-\sqrt{2}}$ ______

$\frac{-4}{\sqrt{2}}$ ______

$\frac{-4\sqrt{3}}{-\sqrt{6}}$ ______

$\frac{8}{\sqrt{2} - 3\sqrt{2}}$ ______

c) Radiziere teilweise (ohne Taschenrechner!) und fasse so weit wie möglich zusammen:
$4\sqrt{432} - 3\sqrt{300} - 6\sqrt{50} + \sqrt{98} =$

______

______

Thema: Die Satzgruppe des Pythagoras

3 a) Formuliere den Satz des Pythagoras in Worten.

b) Überprüfe durch Rechnung, ob ein Dreieck ABC rechtwinklig ist, wenn die längste Seite 7,5 cm misst, die zu dieser Seite gehörige Höhe 3,6 cm lang ist und die Länge einer anderen Seite 4,5 cm beträgt.

Thema: Konstruktionen mit Pythagoras

4 a) Konstruiere eine Strecke der Länge $\sqrt{8}$ cm mithilfe des Höhensatzes. Gib auch einen Konstruktionsplan an.

b) Welche beiden anderen Wurzeln findest du in dem in Teilaufgabe a) konstruierten Dreieck? Begründe deine Antwort.

c) Das Dreieck aus Teilaufgabe a) bietet auch die Möglichkeit, mithilfe einer einfachen Zusatzkonstruktion eine Strecke der Länge $\sqrt{2}$ cm sichtbar zu machen. Erläutere diese Tatsache.

Beispiel C für eine erste Schulaufgabe

Thema: Irrationale Zahlen

1 a) Begründe jeweils sorgfältig ohne Taschenrechner, ob x eine rationale Zahl sein kann:

$x = -\sqrt{\frac{175}{343}}$; $x = -4{,}\overline{9}$; $x^2 + 49 = 0$; $x = 2 + 1{,}232\,332\,333\,233\,33\ldots$

b) Ausgehend von einem Quadrat mit Seitenlänge 4 cm soll ein Quadrat mit Flächeninhalt 8 cm² konstruiert werden. Erläutere, inwiefern der Diagonalenschnittpunkt des Ausgangsquadrats dabei hilfreich ist.

Thema: Rechnen mit Wurzeln

Löse diese Aufgabe ohne Taschenrechner.

2 a) Ermittle die Definitionsmenge des Terms und vereinfache ihn anschließend so weit wie möglich.
$2\sqrt{x-3} - \sqrt{4x-12} + \sqrt{x^2-9}$

b) Vereinfache den Term so weit wie möglich:
$\sqrt{375} \cdot \sqrt{5} - 2\sqrt{7} \cdot \sqrt{175} + \sqrt{28} : \sqrt{567} - \sqrt{108}$

c) Hilmar hat den Term $\frac{4}{2\sqrt{7} - \sqrt{24}}$ mit $2\sqrt{7} + \sqrt{24}$ erweitert. Er behauptet, dass er dann leicht einen Näherungswert berechnen kann, wenn er $\sqrt{7} \approx 2{,}6$ und $\sqrt{6} \approx 2{,}4$ verwendet.
Überprüfe seine Behauptung.

Thema: Der Satz des Pythagoras

3 a) Die Diagonale verschiedener Rechtecke misst 5 dm. Welches dieser Rechtecke hat den größten Flächeninhalt? Begründe deine Antwort und ermittle auch den Umfang dieses Rechtecks. Im Ergebnis auftretende Radikanden sollen ganzzahlig sein.
Hinweis: Der Thaleskreis über der Diagonale des Rechtecks hilft weiter.

b) In einem Dreieck ABC teilt die Höhe h_c die Seite c in zwei Strecken, die mit p bzw. q wie in einem rechtwinkligen Dreieck bezeichnet werden. Zeige, dass $b^2 = a^2 - c^2 + 2cq$ ist, wenn q an b anliegt.

c) Konstruiere $\sqrt{7}$ mithilfe des Kathetensatzes. Gib auch alle anderen Seitenlängen des von dir verwendeten Dreiecks an.

d) Begründe, ob folgende Aussage zutreffen kann: „Es gibt rechtwinklige Dreiecke, in denen die Höhe auf die Hypotenuse genauso lang ist wie eine Kathete.“

Arbeitszeit: 45 Minuten *Wertung:* 5|4 5|5|5 6|7|5|3

Das hättest du wissen müssen

Thema: Rationale und irrationale Zahlen; Quadratwurzeln

- Alle rationalen Zahlen sind Brüche, die sich als endliche oder als unendliche periodische Dezimalzahlen darstellen lassen. Irrationale Zahlen sind nicht endliche, nicht periodische Dezimalzahlen wie z. B. 0,500 500 050 000 5…, π und $\sqrt{2}$.
  Die Menge $\mathbb{R}$ der reellen Zahlen enthält sowohl alle rationalen als auch alle irrationalen Zahlen. Jede reelle Zahl lässt sich demnach als Dezimalzahl schreiben.

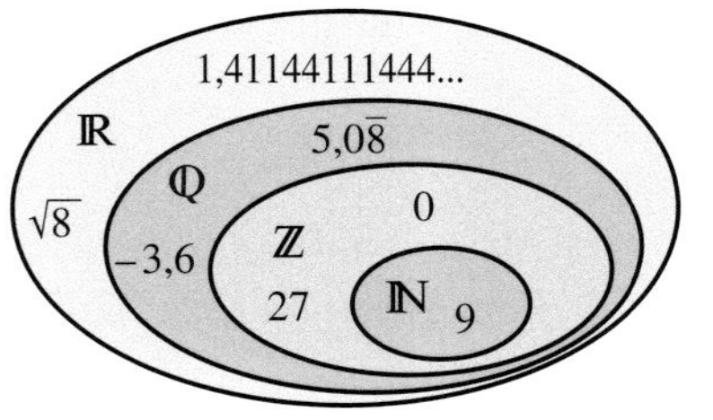

- Die Quadratwurzel $\sqrt{r}$ aus einer nichtnegativen Zahl r ist diejenige Zahl, deren Quadrat wieder r ergibt $(\sqrt{r}^2 = r$ für $r \geq 0)$. Die Quadratwurzel aus einer nichtnegativen Zahl r ist also auch eine – nämlich die nichtnegative – Lösung der Gleichung $x^2 = r$. Man bezeichnet r als Radikand.
  Ist der Radikand das Quadrat einer reellen Zahl, so kann man die Wurzel ziehen. Du musst allerdings beachten, dass nur für Zahlen $a \geq 0$ gilt: $\sqrt{a^2} = a$, wie das Beispiel $\sqrt{(-5)^2} = 5$ zeigt. Man verwendet deshalb die Schreibweise $\sqrt{a^2} = |a|$ für $a \in \mathbb{R}$.

- $\sqrt{r}$ (mit $r \geq 0$) ist genau dann eine rationale Zahl, wenn nach vollständigem Kürzen in Zähler und Nenner der Zahl r alle Primfaktoren mit geraden Exponenten vorkommen.
  Beispiele: $\sqrt{\frac{25}{144}} = \sqrt{\frac{5^2}{12^2}} = \frac{5}{12} \in \mathbb{Q}$, aber $\sqrt{\frac{50}{196}} = \sqrt{\frac{25}{98}} = \sqrt{\frac{5^2}{2^1 \cdot 7^2}} \notin \mathbb{Q}$

- Beispielsweise mit dem **Heron-Verfahren*** kann man rationale Näherungswerte für Quadratwurzeln ermitteln. Dort wiederholen sich dieselben Rechenoperationen bei jedem Schritt (Iterationsverfahren). Eine mögliche Iterationsformel für Näherungswerte x_n von $\sqrt{a}$ ist $x_n = \left(x_{n-1} + \frac{a}{x_{n-1}}\right) : 2$, dabei ist x_{n-1} der im vorhergehenden Schritt ermittelte Näherungswert und x_0 ein positiv gewählter Startwert. Die Genauigkeit des Verfahrens ist durch die Grenzen des verwendeten Rechenhilfsmittels (z. B. Taschenrechner) vorgegeben.

  Tipp: Der Näherungswert x_{n-1} sollte bei jedem Iterationsschritt gespeichert werden.

  Beispiel: Ermittle Näherungswerte für $\sqrt{37}$ ausgehend vom Startwert $x_0 = 1$:
  $x_1 = 19$; $x_2 \approx 10{,}47368421$; $x_2 \approx 7{,}003173764$; $x_3 \approx 6{,}14324631$; $x_4 \approx 6{,}083060279$;
  $x_5 \approx 6{,}082762538$; $x_6 \approx 6{,}08276253$; $x_7 \approx 6{,}08276253$; …
  Also ist $\sqrt{37} \approx 6{,}08276253$
  Beim Startwert $x_0 = 6$ ist bereits x_3 der beste mit diesem TR erreichbare Näherungswert.

1

Thema: Rechnen mit Wurzeln

- Wurzeln kann man multiplizieren bzw. dividieren, indem man die Wurzel aus dem Produkt bzw. dem Quotienten der Radikanden zieht:
  Für $a \geq 0$ und $b \geq 0$ ist und $\sqrt{a} \cdot \sqrt{b} = \sqrt{a \cdot b}$ und $\sqrt{a} : \sqrt{b} = \sqrt{\frac{a}{b}}$, falls zusätzlich $b \neq 0$ ist.

  Beispiel: $\sqrt{2{,}5} \cdot \sqrt{40} = \sqrt{2{,}5 \cdot 40} = \sqrt{100} = 10$ und $\frac{\sqrt{72}}{\sqrt{98}} = \sqrt{\frac{72}{98}} = \sqrt{\frac{36}{49}} = \frac{6}{7}$

- Quadratwurzeln kann man nur dann addieren oder subtrahieren, wenn ihre Radikanden gleich sind. Man verwendet dabei das Distributivgesetz wie im folgenden Beispiel:
  $k\sqrt{a} + l\sqrt{a} - m\sqrt{a} = (k + l - m) \cdot \sqrt{a}$ für $a \geq 0$.

- Enthält die Faktorzerlegung des Radikanden eine Quadratzahl, so kann man mithilfe der Rechenregeln für Wurzeln teilweise Radizieren.

  Beispiel: $\sqrt{20a^4b} = \sqrt{2^2 \cdot 5 \cdot (a^2)^2 b} = 2a^2\sqrt{5b}$;
  die Betragsstriche um a^2 sind hier nicht nötig, da der Wert dieses Terms nie negativ ist.

  Beachte: Dein Taschenrechner gibt z. B. $\sqrt{8}$ sofort als $2\sqrt{2}$ an; dennoch musst auch du selbst das Verfahren beherrschen, da du es z. B. beim Rechnen mit Variablen brauchst.

- Will man z. B. Terme vereinfachen oder Quotienten mit Wurzeln im Nenner überschlagsmäßig berechnen, so ist es sinnvoll, irrationale Nenner durch Erweitern rational zu machen.

  Beispiel: $\frac{2}{\sqrt{7}} = \frac{2\sqrt{7}}{\sqrt{7} \cdot \sqrt{7}} = \frac{2}{7}\sqrt{7} \approx \frac{2 \cdot 2{,}6}{7} \approx 0{,}7$

Thema: Sätze im rechtwinkligen Dreieck und ihre Anwendungen

- In jedem rechtwinkligen Dreieck gelten folgende Sätze:
  - ➢ Ein Dreieck ist genau dann rechtwinklig, wenn die dritte Ecke des Dreiecks auf dem Kreis liegt, dessen Durchmesser die der Ecke gegenüberliegende Seite ist (**Thaleskreis**).

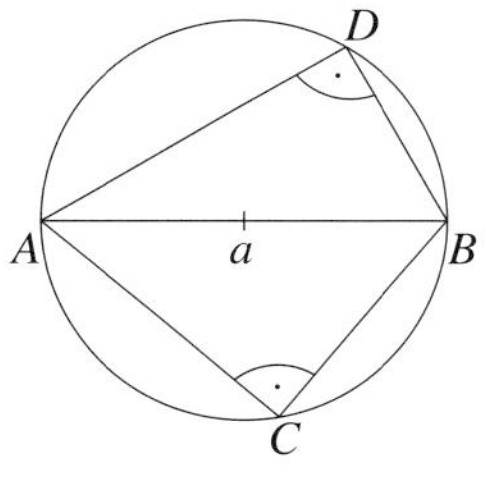

  - ➢ Die Höhe im rechtwinkligen Dreieck zerlegt dieses in zwei Dreiecke, die zueinander und zum gesamten Dreieck ähnlich sind: ΔABC ist ähnlich zu ΔCDA und ähnlich zu ΔBCD, da alle Dreiecke in jeweils entsprechenden Winkeln übereinstimmen.

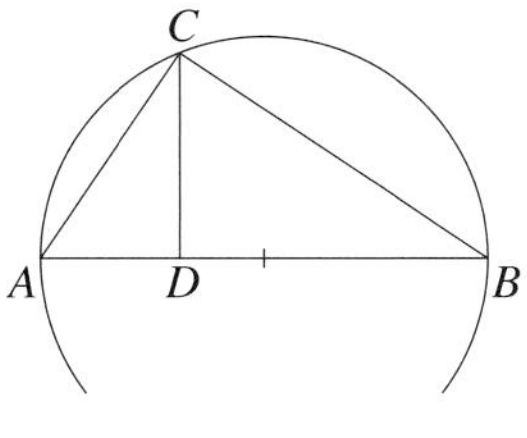

  - ➢ **Satz des Pythagoras:** Ein Dreieck *ABC* ist genau dann rechtwinklig, wenn das Quadrat über der Hypotenuse *c* denselben Flächeninhalt besitzt wie die Summe der Quadrate über den Katheten *a* bzw. *b*:
    $a^2 + b^2 = c^2$

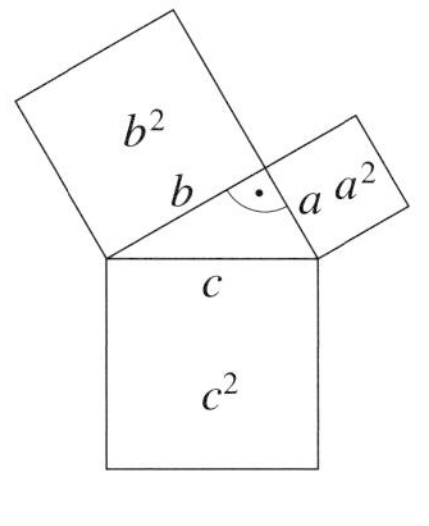

➢ **Kathetensatz:** In jedem rechtwinkligen Dreieck hat das Quadrat über einer Kathete denselben Flächeninhalt wie das Rechteck aus der Hypotenuse und dem der Kathete anliegenden Hypotenusenabschnitt.

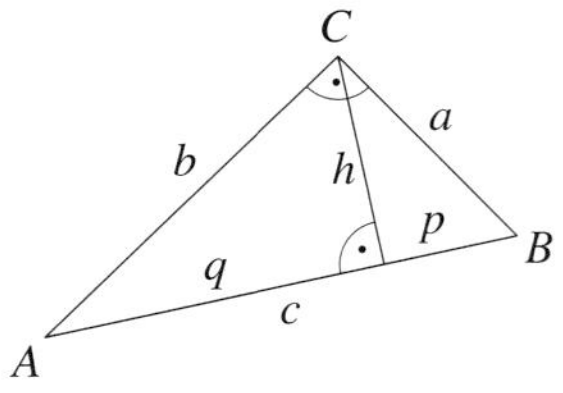

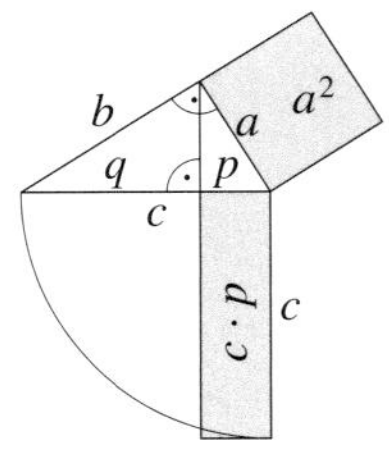

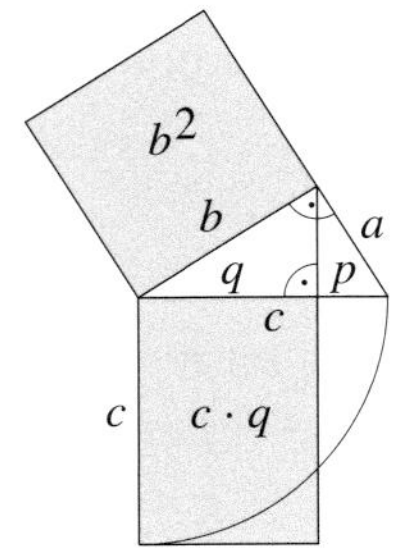

$a^2 = c \cdot p$ $\qquad$ $b^2 = c \cdot q$

➢ **Höhensatz:** In jedem rechtwinkligen Dreieck hat das Quadrat über der Höhe auf die Hypotenuse denselben Flächeninhalt wie das Rechteck aus den beiden Hypotenusenabschnitten.

$h^2 = p \cdot q$

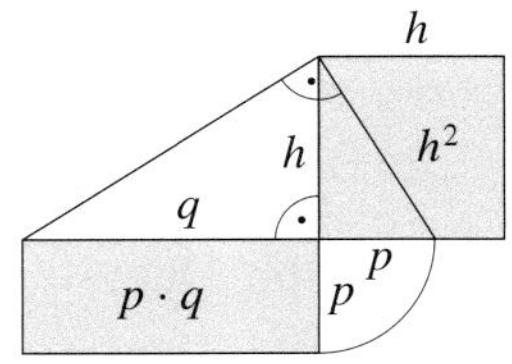

- Mithilfe des Satzes von Pythagoras sowie von Katheten- oder Höhensatz kannst du Flächenverwandlungen durchführen und Wurzeln zeichnerisch ermitteln. Dazu musst du stets ein rechtwinkliges Dreieck konstruieren.

  Beispiel 1: Verwandle ein Rechteck mit Seitenlängen 5 cm bzw. 4 cm in ein flächengleiches Quadrat.
  Lösung mit dem Höhensatz: Konstruiere ein rechtwinkliges Dreieck mit den Hypotenusenabschnitten 5 cm und 4 cm. Das Quadrat über der Höhe dieses Dreiecks hat den gewünschten Flächeninhalt.
  Lösung mit dem Kathetensatz: Konstruiere ein rechtwinkliges Dreieck mit Hypotenuse 5 cm und einem Hypotenusenabschnitt der Länge 4 cm. Das Quadrat über der diesem Abschnitt anliegenden Kathete hat den gewünschten Flächeninhalt.
  Bei beiden Lösungen ist der Thaleskreis nötig, um das rechtwinklige Dreieck zu konstruieren.

  Beispiel 2: Konstruiere $\sqrt{8}$.
  Lösung mit dem Satz des Pythagoras: Konstruiere ein rechtwinkliges Dreieck mit Hypotenuse der Länge 3 (cm) und einer Kathete der Länge 1 (cm).
  Die zweite Kathete in diesem Dreieck hat dann die Länge $\sqrt{3^2 - 1^2} = \sqrt{8}$.
  Du kannst allerdings auch Höhen- oder Kathetensatz bzw. die Wurzelschnecke verwenden.

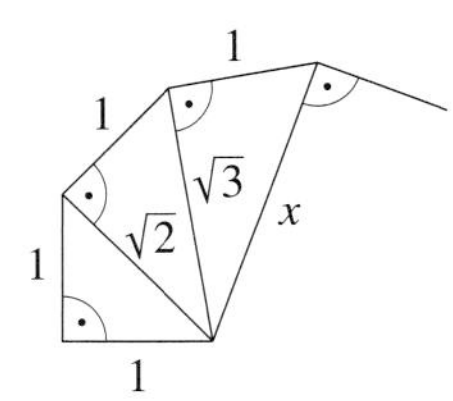

- Mit dem Satz von Pythagoras lassen sich auch Berechnungen durchführen:
  Die Länge d der Diagonalen in einem Quadrat der Seitenlänge $a > 0$ ergibt sich aus
  $d^2 = a^2 + a^2$ zu $d = a\sqrt{2}$.
  Ein gleichseitiges Dreieck mit Seitenlänge a kann durch die Höhe h in je zwei rechtwinklige Teildreiecke mit Katheten der Länge $\frac{a}{2}$ und h sowie Hypotenuse a zerlegt werden. Für die Höhe h ergibt sich dann mithilfe des Satzes von Pythagoras $h^2 = a^2 - \left(\frac{a}{2}\right)^2$ und somit $h = \frac{a}{2}\sqrt{3}$.
  Der Abstand zweier Punkte $P(p_1|p_2)$ bzw. $Q(q_1|q_2)$ im kartesischen Koordinatensystem ergibt sich aus deren Koordinaten mit $\overline{PQ} = \sqrt{(p_1 - q_1)^2 + (p_2 - q_2)^2}$.

Beispiel A für eine zweite Schulaufgabe • Teil I

Thema: Prisma und Zylinder

1 Ein gerades dreiseitiges Prisma und ein gerader Zylinder sind beide 8 cm hoch. Der Inhalt der Mantelfläche der Körper beträgt jeweils $120\,\text{cm}^2$.
Zeichne nach geeigneter Rechnung ein Netz des Prismas im Maßstab 1 : 2, wenn die Grundfläche ein gleichseitiges Dreieck ist, und berechne den Oberflächeninhalt des Zylinders.

Thema: Binomische Formeln

2 Ermittle zum Term $2x^2 - 1{,}6x + 0{,}32$ drei verschiedene, äquivalente Terme. Mindestens einer davon soll von der Form $a(bx - c)^2 + d$ sein.

Thema: Graphisches Lösen quadratischer Gleichungen

3 Ermittle Näherungswerte für die Lösungen der Gleichung $-\frac{1}{3}(x-2)^2+2=x^2+x$ im Koordinatensystem:

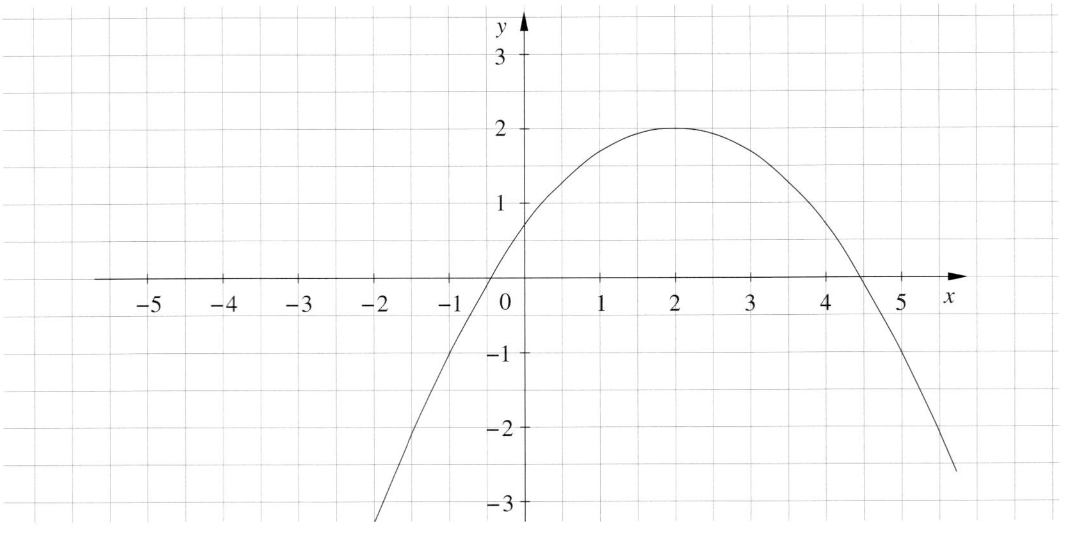

Thema: Der Kreiskegel

4 Die Mantellinie eines geraden Kegels ist dreimal so lang wie die Kegelhöhe.

a) Ermittle einen Term für den Mantelflächeninhalt, der nur noch eine Variable enthält.

b) Stelle den Zusammenhang zwischen Mantelflächeninhalt und Höhe dieses Kegels im Koordinatensystem dar.

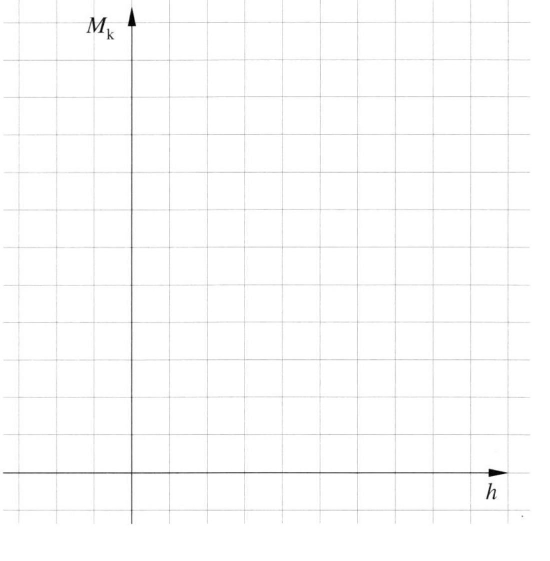

Beispiel A für eine zweite Schulaufgabe • Teil II

Thema: Pyramide

1 Die Länge der Grundflächendiagonalen einer geraden quadratischen Pyramide beträgt 6,1 cm, die Seitenkante der Pyramide ist 10,6 cm lang.
Berechne den Oberflächeninhalt der Pyramide auf eine Dezimale gerundet.

$G = a^2$ $10^2 = 100$ Grundfläche

Thema: Quadratische Funktionen

2 a) Beschreibe den Graphen der Funktion $f(x) = (x + 1)^2 - 5, x \in \mathbb{R}$, so genau wie möglich und zeichne ihn in ein Koordinatensystem.

Er ist nicht breiter/schmaler,
um 5 nach ~~rechts~~ unten
und 1 nach links
verschoben

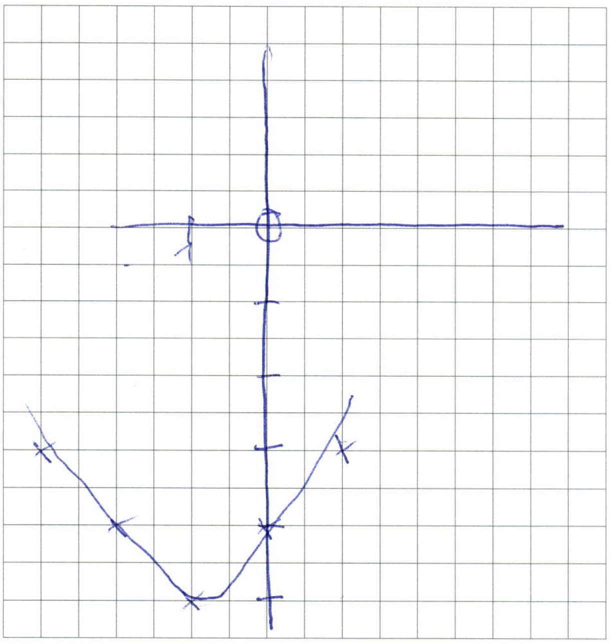

b) Wie lautet die Gleichung einer Parabel mit Scheitel $S(-1|-5)$, wenn der Punkt $P(0|2)$ auf ihr liegt? Begründe deine Antwort und trage die Parabel im Koordinatensystem aus a) ein.

3 a) Ermittle durch Rechnung die Koordinaten des Scheitels der Parabel $y = x^2 - \frac{4}{3}x - 1,\overline{5}$.

$x(x - \frac{4}{3} - 1,\overline{5}$

b) Berechne die Achsenschnittpunkte einer Normalparabel, wenn ihr Scheitel die Koordinaten $S\left(\frac{2}{3}\middle|-2\right)$ besitzt.

c) Der Scheitel einer Parabel hat die erste Koordinate – 1, sie ist nach unten geöffnet und mit Faktor 0,5 gestaucht. Zeichne eine solche Parabel.
Wie lautet ihre Gleichung, wenn sie nur einen Schnittpunkt mit der x-Achse besitzt?

Beispiel B für eine zweite Schulaufgabe

Thema: Netz und Oberflächeninhalt von Pyramide und Kegel

1 Durch Blitzschlag und Brand wurde die pyramidenförmige Spitze eines Kirchturms zerstört. Die Spitze war ursprünglich eine 16 m hohe, gerade quadratische Pyramide. Die Seitenlänge der Grundfläche betrug 8,0 m. Der Kirchturm soll nun neu aufgebaut werden.

a) Zeichne eine Schrägbildskizze der Pyramide und berechne die Länge einer Seitenkante.

b) Überprüfe die Berechnung aus Teilaufgabe a) durch Konstruktion eines geeigneten Stützdreiecks und zeichne das Netz der Pyramide im Maßstab 1 : 500. Fehlende Maße kannst du mithilfe einer Teilkonstruktion finden.

c) Wie viel Quadratmeter Kupferblech sind nötig, um das neue Dach der Pyramide zu decken, wenn mit 3 % Verschnitt gerechnet werden muss?

d) Wie würde sich der Mantelflächeninhalt ändern, wenn das Dach nicht eine quadratische Pyramide, sondern ein gleich hoher Kegel wäre? Beachte, dass dann alle vier Ecken der Pyramidengrundfläche auf dem Grundflächenkreis des Kegels liegen müssen.

Thema: Quadratische Funktionen und Gleichungen

2 Durch die Gleichung $y = -0{,}5\,x^2 + x + 1{,}5$ ist eine Parabel p beschrieben.

a) Ermittle die Koordinaten des Scheitels von p und zeichne die Parabel ausgehend von ihrem Scheitel ohne Wertetabelle.

b) Bestimme k so, dass die Gleichung $-0{,}5\,x^2 + x + k = 0$ genau eine Lösung hat. Überprüfe dein Ergebnis an der Zeichnung aus a) und erläutere, wie du vorgegangen bist.

2

Beispiel C für eine zweite Schulaufgabe

Thema: Parabeln

1 Benni behauptet, dass der Scheitel einer Parabel die Koordinaten $(-1|-4)$ besitzt und dass ihre Schnittpunkte mit der x-Achse $P(-2|0)$ bzw. $Q(2|0)$ sind.

a) Begründe, dass diese Angaben nicht stimmen können, und korrigiere ***nur eine*** der angegebenen Koordinaten so, dass beide Schnittpunkte richtig sind. Gib auch eine Gleichung der Parabel an.

b) Welche Gleichung hätte die Parabel, wenn der Scheitel $(-1|-4)$ und einer der beiden Achsenschnittpunkte richtig angegeben sind? Nenne zwei Möglichkeiten.

Thema: Quadratische Gleichungen

2 a) Ermittle die Lösungen der Gleichung $2x + 6 = \frac{1}{3}x^2$ exakt und möglichst weit vereinfacht.

b) Zeige möglichst einfach durch Rechnung, dass das Produkt der beiden Lösungen der Gleichung den Wert -18 hat.

Thema: Quadratische Gleichungen in Anwendungen

3 In einem rechtwinkligen Dreieck unterscheiden sich die Längen der beiden Katheten um 7 cm. Die Hypotenuse ist 8 cm länger als die kürzere der beiden Katheten.
Berechne den Flächeninhalt des Dreiecks.

Thema: Zylinder, Pyramide und Kegel

4 a) Einen Zylinder kann man gleichseitig nennen, wenn seine Höhe h genauso lang ist wie sein Durchmesser d.
Welche Figur entsteht, wenn man den Zylinder längs seiner Achse durchschneidet?
Ermittle für einen solchen Zylinder möglichst einfache Terme für den Inhalt seiner Mantelfläche bzw. seiner Oberfläche, in denen außer Zahlen nur noch der Durchmesser d vorkommt.

b) Eine gerade Pyramide besitzt als Grundfläche ein gleichschenklig-rechtwinkliges Dreieck mit Schenkellänge a. Ihre Höhe ist doppelt so groß wie diese Schenkellänge.
Begründe, dass für den Flächeninhalt der Grundfläche der Term $0{,}5\,a^2$ verwendet werden kann, und ermittle einen Term für den Oberflächeninhalt der Pyramide, der ebenfalls nur noch a als Variable enthält.

c) Schneidet man einen Kegel längs seiner Achse, so entsteht ein Dreieck. Begründe oder widerlege, dass der aufgerollte Kegelmantel ein Halbkreis ist, wenn dieses Dreieck gleichseitig ist.

Arbeitszeit: 45 Minuten *Wertung:* 5|5 5|3 8 5|10|4

Das hättest du wissen müssen

Thema: Prisma und Zylinder

- Ein **gerades Prisma** besitzt als Grund- und Deckfläche zueinander kongruente Vielecke, die in parallelen Ebenen liegen. Ihr Abstand ist die Höhe h des Prismas. Alle Seitenflächen sind Rechtecke. Sie bilden zusammen die Mantelfläche. Der Mantelflächeninhalt M_p ergibt sich demnach als $M_p = u_{\text{Grundfläche}} \cdot h$.
  Für den Oberflächeninhalt des Prismas gilt: $O_p = 2\,G_p + M_p$

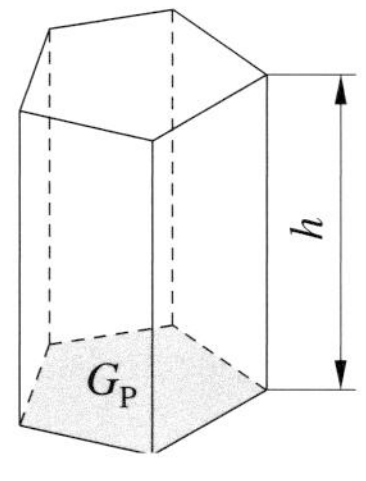

- Ein **gerader Zylinder** entsteht durch Rotation eines Rechtecks um eine seiner Seiten, die die Höhe h des Zylinders (Abstand von Grund- und Deckfläche) bildet. Die andere Seite des Rechtecks bezeichnet man als Radius r des Zylinders. Grund- und Deckfläche sind zueinander kongruente Kreise. Rollt man die Mantelfläche M_Z ab, so ergibt sich ein Rechteck mit den Seiten $u_{\text{Grundfläche}}$ und h. Deshalb gelten folgende Beziehungen:
  $M_Z = 2\pi r h$ und $O_Z = 2\pi r^2 + 2\pi r h = 2\pi r(r + h)$.

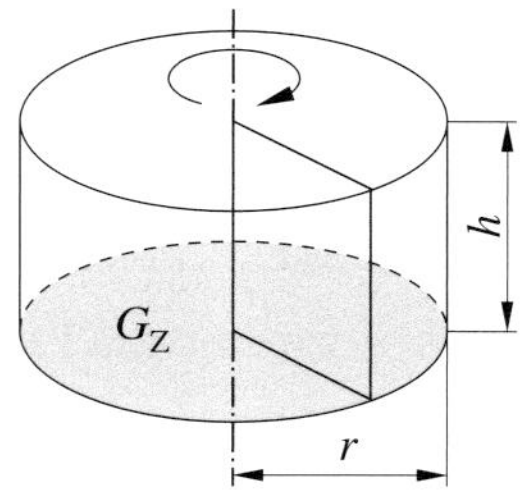

Thema: Pyramide und Kegel

- Eine **Pyramide** hat ein ebenes Vieleck als Grundfläche. Alle Ecken dieses Vielecks sind durch die Seitenkanten mit einem Punkt S außerhalb der Vielecksebene verbunden. S heißt Spitze der Pyramide, ihr Abstand von der Grundfläche wird als Höhe h der Pyramide bezeichnet. Alle Seitenflächen einer Pyramide sind Dreiecke. Sie bilden zusammen die Mantelfläche. Für den Oberflächeninhalt einer Pyramide gilt: $O_{Py} = G_{Py} + M_{Py}$.
  Sind alle Seitenkanten einer Pyramide gleich lang, so spricht man von einer **geraden** Pyramide. Bei ihr ist der Höhenfußpunkt gleichzeitig der Umkreismittelpunkt der Grundfläche, da in diesem Fall alle rechtwinkligen Stützdreiecke, die eine Seitenkante und die Pyramidenhöhe enthalten, aufgrund des Kongruenzsatzes SsW zueinander kongruent sind.

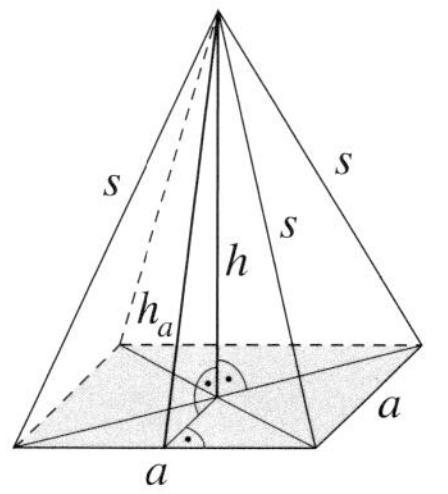

- Mithilfe eines geeigneten Stützdreiecks lassen sich Längen an der Pyramide berechnen.
  Beispiel: Ist a die Seitenlänge einer quadratischen Pyramide mit 5 m Höhe, so erhält man mithilfe eines Stützdreiecks, das die Höhe h_a des Seitenflächendreiecks als Hypotenuse besitzt:
  $h_a = \sqrt{h^2 + (0{,}5\,a)^2}$ und $A_{\text{Dreieck}} = 0{,}5\,a \cdot \sqrt{25\,\text{m}^2 + 0{,}25\,a^2} = 0{,}25\,\sqrt{100\,\text{m}^2 + a^2}$.

- Ein **gerader Kreiskegel** entsteht durch Rotation eines rechtwinkligen Dreiecks um eine Kathete, die auch als Höhe h des Kegels bezeichnet wird. Seine Grundfläche ist ein Kreis mit Radius r, dessen Länge durch die zweite Kathete des rotierenden Dreiecks bestimmt ist. Jede Strecke von einem Punkt dieser Kreislinie zur Spitze des Kegels heißt Mantellinie. An einem Stützdreieck erkennst du, dass für ihre Länge m gilt: $m = \sqrt{r^2 + h^2}$.

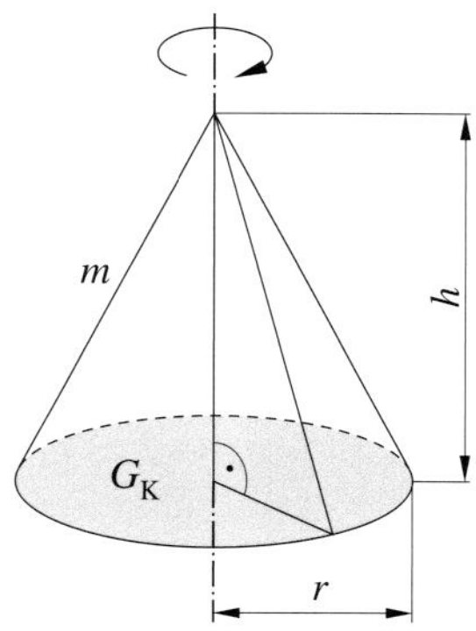

- Rollt man die Mantelfläche eines geraden Kreiskegels ab, so entsteht ein Kreissektor mit dem Flächeninhalt $M_K = \pi rm$. Für den Oberflächeninhalt des Kegels gilt also: $O_K = \pi r^2 + \pi rm = \pi r(r + m)$

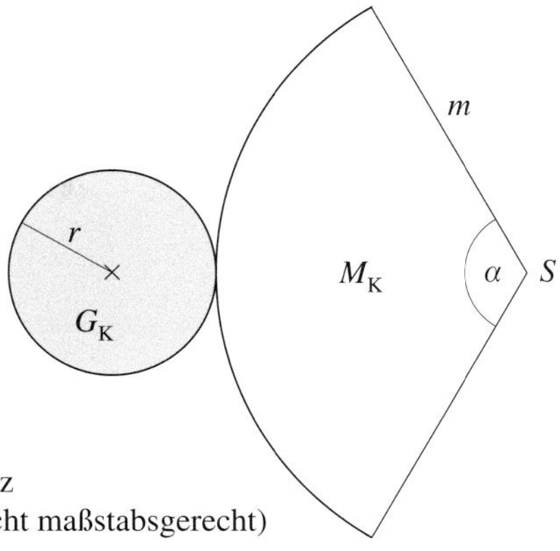

Netz
(nicht maßstabsgerecht)

Thema: Parabeln als Funktionsgraphen

- Der Graph der Funktion f mit $f(x) = x^2$ und Definitionsbereich $\mathbb{R}$ heißt **Normalparabel**. Sie ist symmetrisch zur y-Achse, ihr tiefster Punkt $S(0|0)$ wird als Scheitel bezeichnet. $y = x^2$ ist die Gleichung der Normalparabel.

- $y = ax^2$ mit $a \in \mathbb{R}\setminus\{0\}$ ist ebenfalls Gleichung einer Parabel mit Scheitel $S(0|0)$. Alle y-Werte von Punkten auf der Normalparabel werden dabei mit dem Öffnungsfaktor a multipliziert. Die Parabel kann mit der Normalparabel wie folgt verglichen werden:
  Ist $a > 1$, so ist die Parabel enger als die Normalparabel.
  Ist $0 < a < 1$, so ist die Parabel weiter als die Normalparabel.
  Ist a negativ, so ist die Parabel nach unten geöffnet. Man erhält sie, indem man die Normalparabel mit dem positiven Öffnungsfaktor $|a|$ verändert und anschließend an der x-Achse spiegelt.

- Die Gleichung $y = a(x - d)^2 + e$ (mit $a, d, e \in \mathbb{R}$, $a \neq 0$) beschreibt ebenfalls eine Parabel, die aus der Parabel $y = ax^2$ durch Verschiebung um d in x-Richtung und um e in y-Richtung entsteht. Ihr Scheitel hat die Koordinaten $S(d|e)$, sie ist symmetrisch zur Geraden $x = d$.

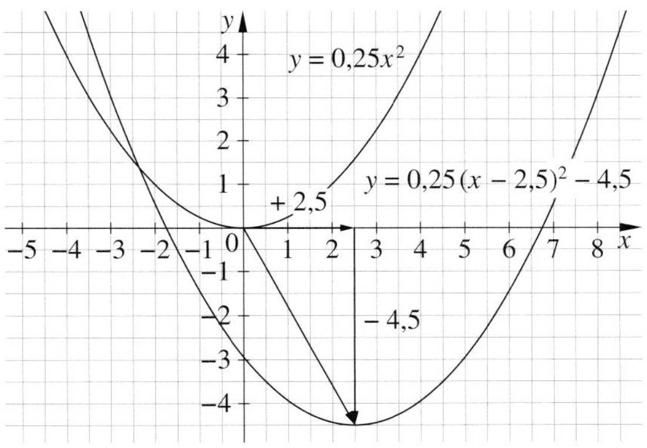

  Beispiel: Die Parabel $y = -0{,}7(x + 3)^2 + 4$ ist nach unten geöffnet und wegen $0{,}7 < 1$ weiter als die Normalparabel. Ihr Scheitel ist $S(-3|4)$. Von ihm aus kannst du die Parabel leicht zeichnen, weil die y-Werte aller Punkte der Normalparabel mit $-0{,}7$ multipliziert werden. Gehst du z. B. von S aus eine Einheit nach rechts, musst du in y-Richtung $-0{,}7 \cdot 1^2$, also $-0{,}7$ nach unten gehen und den zugehörigen Parabelpunkt markieren. Gehst du z. B. drei Einheiten vom Scheitel aus nach links, so hat der Parabelpunkt die Koordinaten $P(-3 - 3|4 + (-0{,}7 \cdot 3^2))$.

- Auch bei einer Parabel als Funktionsgraph besitzen die Punkte auf ihr die Eigenschaft, dass sie von einer Geraden g (der Leitlinie) denselben Abstand haben wie von einem festen Punkt P (dem Brennpunkt).

  Beispiel: Ist die Gerade g die x-Achse und hat der Brennpunkt P die Koordinaten $P(0|1)$, so lautet die Gleichung der Parabel $y = 0{,}5x^2 + 0{,}5$; ihr Scheitel ist $S(0|0{,}5)$.

- Mithilfe der **binomischen Formeln** lassen sich besondere Summen als Produkte schreiben:
  $a^2 + 2ab + b^2 = (a + b)^2$ („Plusformel")
  $a^2 - 2ab + b^2 = (a - b)^2$ („Minusformel")
  $a^2 - b^2 = (a + b)(a - b)$ („Plusminusformel")

  Beispiel: $0{,}25y^2 - sy + s^2 = (0{,}5y - s)^2$

- Eine Funktion f mit $f(x) = ax^2 + bx + c$ und Definitionsbereich $\mathbb{R}$ sowie reellen Zahlen a ($a \neq 0$), b und c heißt **quadratische Funktion**. Ihr Graph ist eine Parabel, die man ausgehend von ihrem Scheitel S wie vorne beschrieben zeichnen kann. Dazu kannst du den Funktionsterm z. B. durch quadratische Ergänzung in die Scheitelpunktform $f(x) = a(x - d)^2 + e$ bringen.

  Beispiel: Die quadratische Funktion mit dem Term $f(x) = -0{,}5x^2 + 3x - 5$ hat als Graph eine nach unten geöffnete Parabel mit der Gleichung $y = -0{,}5x^2 + 3x - 5$, die weiter als die Normalparabel ist (der Öffnungsfaktor hat den Betrag $0{,}5 < 1$). Ihren Scheitel findest du nach Ausklammern des Öffnungsfaktors durch quadratisches Ergänzen des Terms in Klammern
  $y = -0{,}5(x^2 - 6x + (6:2)^2) - 5 - (-0{,}5) \cdot 3^2$.
  Es ergibt sich mithilfe der passenden binomischen Formel $y = -0{,}5(x - 3)^2 - 0{,}5$ als äquivalente Form des Funktionsterms. Der Scheitel hat deshalb die Koordinaten $S(3|-0{,}5)$.

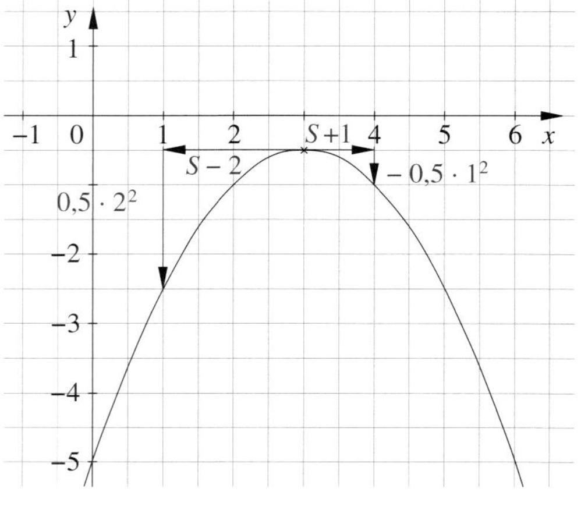

- Zur Bestimmung der Schnittpunkte einer Parabel mit der x-Achse ist es nötig, eine quadratische Gleichung der Form $ax^2 + bx + c = 0$ ($a \neq 0$) lösen zu können, da deren Lösungen die Nullstellen der zugehörigen quadratischen Funktion sind. In einigen Spezialfällen gelingt das ohne großen Aufwand:

  Beispiel 1: $-3x^2 + 5{,}4x = 0$ kann durch Ausklammern bearbeitet werden, weil ein Produkt den Wert Null hat, wenn ein Faktor Null ist: $x \cdot (-3x + 5{,}4) = 0$, wenn $x = 0$ oder $x = 1{,}8$ ist.

  Beispiel 2: $3(x - 0{,}3)^2 - 5{,}4 = 0$ ist ohne Ausmultiplizieren durch Äquivalenzumformungen lösbar: $(x - 0{,}3)^2 = 1{,}8$ und deshalb ist $x - 0{,}3 = \sqrt{1{,}8}$ oder $x - 0{,}3 = -\sqrt{1{,}8}$. Die beiden Lösungen der Gleichung sind somit $x_1 = -\sqrt{1{,}8} + 0{,}3$ und $x_2 = \sqrt{1{,}8} + 0{,}3$.

- In jedem Fall entscheidet die Diskriminante $D = b^2 - 4ac$ über die Anzahl der Lösungen der Gleichung $ax^2 + bx + c = 0$ ($a \neq 0$), die sich auch mit der Lösungsformel bestimmen lassen. Ist $D > 0$, so hat die Gleichung die beiden Lösungen $x_{1/2} = \frac{-b \pm \sqrt{D}}{2a}$, ist $D < 0$, so gibt es keine Lösung, für $D = 0$ ist die einzige Lösung $x = \frac{-b}{2a}$.

  Beispiel: Löse $3{,}4x^2 - 2x - 1{,}4 = 0$. Mit $D = (-2)^2 - 4 \cdot 3{,}4 \cdot (-1{,}4) = 23{,}04 > 0$ erhältst du die beiden Lösungen $x_1 = \frac{2 + 4{,}8}{6{,}8} = 1$ und $x_2 = \frac{2 - 4{,}8}{6{,}8} = -\frac{7}{17}$.

Beispiel für einen Test über den Halbjahresstoff der 9. Klasse

Thema: Rechnen mit Wurzeltermen

1 Vereinfache den Term $\frac{1}{a-\sqrt{2}} + \frac{1}{a+\sqrt{2}}$ soweit wie möglich.

______________________________ **1P**

Thema: Binomische Formeln

2 a) Ergänze richtig: $\frac{1}{6}x^2 -$ ____________ $= ($ ________ $- 5y)^2$ **1P**

b) Welche der angegebenen Terme haben denselben Wert wie $(2\sqrt{5} - 5\sqrt{2})^2 \cdot \frac{1}{7-2\sqrt{10}}$ **2P**

☐ 10 ☐ $\frac{70}{7-2\sqrt{10}}$ ☐ $\frac{1}{9}(5\sqrt{2} - 2\sqrt{5})(6\sqrt{5} + 15\sqrt{2})$ ☐ $\frac{10}{1-2\sqrt{10}}$

Thema: Parabeln

3 a) Eine Parabel p hat die Gerade $x = 2$ als Symmetrieachse und schneidet die y-Achse in $P(0|1)$. Gegenüber der Normalparabel sind die y-Werte aller Punkte mit dem Faktor 2 multipliziert worden. Gib eine mögliche Gleichung für p an.

____

______________________________ **2P**

b) Begründe ohne Zeichnung, dass die Parabel $y = 2x^2 + ax - 5$ für jeden Wert von a stets zwei verschiedene Schnittpunkte mit der x-Achse hat.

____

______________________________ **1P**

c) Alle Punkte einer Parabel p haben von der Geraden g mit der Gleichung $x = -1$ denselben Abstand wie vom Punkt $P(0|1)$. Markiere den Punkt, der *nicht* auf der Parabel liegt, und gib

die Koordinaten eines anderen Parabelpunkts an: ______________ **2P**

☐ $Q_1(-0{,}5|1)$ ☐ $Q_2(2|1+\sqrt{5})$ ☐ $Q_3(1|-2)$

Thema: Lösen quadratischer Gleichungen

4 Hans hat die Gleichung $-0{,}5\,(x-2)^2 = 2\,(x-2)$ wie folgt gelöst:

$$-\tfrac{1}{2}(x-2)^2 = 2\,(x-2) \;\Leftrightarrow\; -\tfrac{1}{2}(x-2) = 2 \;\Leftrightarrow\; x-2 = -4 \;\Leftrightarrow\; x = -2$$

a) Begründe mithilfe einer Zeichnung, dass Hans nicht Recht hat. **2P**

b) Welchen Fehler hat Hans gemacht? Korrigiere ihn möglichst geschickt. **1P**

Thema: Die Pyramide

5 Eine vierseitige gerade Pyramide hat eine rechteckige Grundfläche. Die Höhe eines Seitenflächendreiecks beträgt 5 m.

a) Ergänze die beiden Sätze richtig:

Der Höhenfußpunkt ist ______________________________

Die Seitenflächendreiecke sind ______________________________

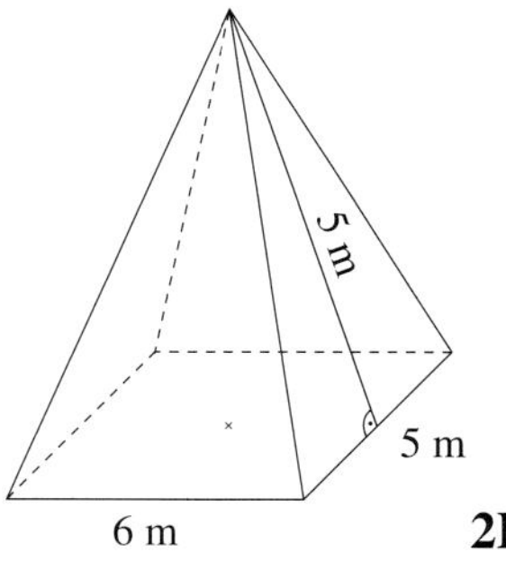

2P

b) Schätze ab, wie groß der Oberflächeninhalt dieser Pyramide ist. **1P**

☐ $\approx 45\,\text{m}^2$ ☐ $\approx 83\,\text{m}^2$ ☐ $\approx 250\,\text{m}^2$

Thema: Der Kegel

6 Die Mantelfläche eines Kegels ist ein Viertelkreis.

a) Begründe, dass die Mantellinie dieses Kegels viermal so lang ist wie der Kegelradius.

1P

b) Um wie viel Prozent verringert sich der Oberflächeninhalt dieses Kegels, wenn bei gleichem Aussehen der Mantelfläche die Länge der Mantellinie halbiert wird?

☐ 25 %   ☐ 50 %   ☐ 75 %

1P

Thema: Anwendungen des Satzes von Pythagoras

7 In einem gleichschenkligen Trapez misst ein Schenkel 5 m, die beiden parallelen Seiten unterscheiden sich um 8 m.

a) Ermittle einen Term für den Flächeninhalt dieses Trapezes, der nur noch eine Variable enthält.

2P

b) Ist es möglich, dass der Flächeninhalt eines solchen Trapezes weniger als $12\,m^2$ beträgt? Begründe deine Antwort.

1P

Thema: Wahrscheinlichkeiten

8 Klara wirft einen Laplace-Würfel und eine Zwei-Euro-Münze. Sie addiert die Zahl 2 zur geworfenen Augenzahl des Würfels, falls die Münze diese Zahl zeigt. Wie wahrscheinlich erhält Klara als Ergebnis ihres Experiments eine Primzahl?

1P

Arbeitszeit: 40 Minuten

Note	1	2	3	4	5	6
Punkte	21-16	15-13	12-10	9-7	6-4	3-0

Beispiel A für eine dritte Schulaufgabe · Teil I

Thema: Baumdiagramme und Pfadregeln

1 Eine Urne enthält sieben gleich große Kugeln, vier blaue, zwei gelbe und eine schwarze. Horst zieht zwei Kugeln nacheinander aus der Urne, ohne die erste zurückzulegen.

a) Zeichne ein vollständig beschriftetes Baumdiagramm und ermittle die Wahrscheinlichkeit dafür, dass Horst eine blaue und eine gelbe Kugel vor sich liegen hat.

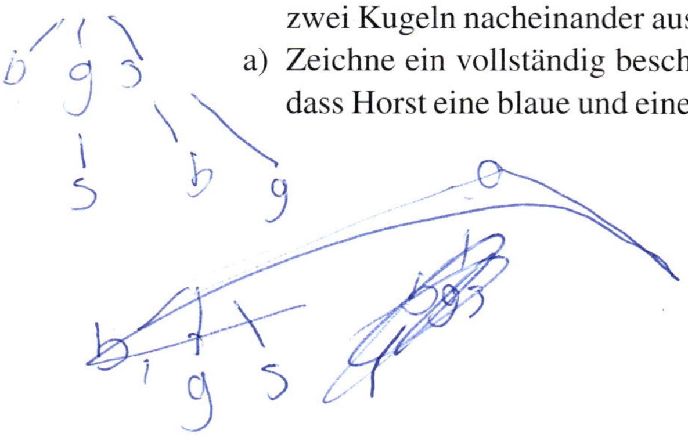

b) Wie wahrscheinlich ist es, dass die beiden gezogenen Kugeln die gleiche Farbe haben?

c) Horst behauptet, dass er die Wahrscheinlichkeit dafür, dass sich unter den beiden Kugeln eine schwarze befindet, mit dem Term $\frac{1}{7} + \frac{1}{7}$ berechnen kann. Was sagst du dazu?

d) Mache eine begründete, möglichst exakte Aussage darüber, wie sich die Wahrscheinlichkeit für eine schwarze Kugel im Ergebnis verändert, wenn das Experiment mit Zurücklegen durchgeführt wird.

Thema: Trigonometrie am rechtwinkligen Dreieck

2 a) Zeichne ein rechtwinkliges Dreieck *ABC*, in dem $\cos\beta = \frac{3}{7}$ ist. Ermittle aus der Zeichnung β und berechne die fehlende Seitenlänge in dem von dir verwendeten Dreieck mithilfe von Winkelfunktionen. Dokumentiere deinen Lösungsweg.

b) Begründe, dass ein in Teilaufgabe a) passendes Dreieck auch eine Kathete der Länge 5 cm besitzen kann. Gib alle weiteren Seitenlängen und Winkelgrößen in diesem Dreieck an.

Thema: Volumen des Prismas

3 Eine 17 cm hohe Stiftebox hat als Grundfläche ein regelmäßiges Sechseck mit Seitenlänge 2,5 cm. Passt ein Viertelliter Wasser in dieses Prisma? Begründe deine Antwort durch Rechnung.

Arbeitszeit: 35 Minuten

Wertung: 6|3|4|3 6|6 8

Beispiel A für eine dritte Schulaufgabe · Teil II

Thema: Simulation von Zufallsexperimenten

1 Das Zufallsexperiment „Zwei Würfel werden gleichzeitig geworfen“ soll mithilfe von Zufallszahlen simuliert werden.
Erläutere, wie du vorgehst, um einen Schätzwert für die Wahrscheinlichkeit des Ereignisses „Die Augensumme ist 10“ zu ermitteln. Welchen Schätzwert erwartest du?

Thema: Volumen des Zylinders

2 Ein Zylinder ist 20 cm hoch, sein Oberflächeninhalt beträgt etwa 7,85 dm^2.

a) Berechne den Radius des Zylinders.

b) Wie verändert sich das Volumen des Zylinders, wenn Höhe und Radius verdoppelt werden?

c) Soll der Zylinder nur eine Flüssigkeitsmenge von einem Liter fassen, so könnte sein Radius etwa um 20 % verkleinert werden. Um wie viel Prozent verkleinert sich dabei das Volumen des ursprünglichen Zylinders? Begründe deine Antwort.

Thema: Berechnungen mithilfe von rechtwinkligen Dreiecken

3 In einem Parallelogramm mit Seiten der Länge 15 cm bzw. 8 cm misst ein Winkel 67°. Ermittle den Flächeninhalt des Parallelogramms und erkläre, wieso es für den Flächeninhalt unerheblich ist, welcher der Innenwinkel 67° misst.

Thema: Trigonometrische Funktionen an Körpern

4 Bei einer Pyramide mit Höhe 5 m ist eine Seitenkante gegen die Grundfläche unter 43° geneigt.

a) Berechne die Länge dieser Seitenkante. Überprüfe deine Rechnung durch Zeichnung.

b) Handelt es sich um eine gerade Pyramide, wenn ihre Grundfläche ein Rechteck mit 6 m Länge und 3,5 m Breite ist?

Beispiel B für eine dritte Schulaufgabe

Thema: Baumdiagramme und Pfadregeln; Simulation von Zufallsexperimenten

1 Eine Losverkäuferin auf dem Volksfest hat noch 20 Lose einer Serie mit 400 Losen in ihrem Kasten. Sie erinnert sich, dass abgesehen von sechs Gewinnlosen alle restlichen der insgesamt 125 Gewinne dieser Serie bereits eingelöst wurden. Ob jedoch der Hauptgewinn schon dabei war, hat sie sich nicht gemerkt.

Albert kauft für sich und seine Freundin Sigrid jeweils ein Los und sie streiten darüber, wer als erster ziehen darf. Albert behauptet nämlich, dass die Wahrscheinlichkeit dafür, als Zweiter ein Gewinnlos zu ziehen, kleiner ist.

a) Überprüfe mithilfe eines Baumdiagramms, ob die Wahrscheinlichkeit, beim zweiten Ziehen ein Gewinnlos zu erhalten, tatsächlich kleiner ist als beim ersten Zug.

b) Albert lässt als Gentleman Sigrid den Vortritt. Sie öffnet auch sofort ihr Los und jubelt über den einzigen Hauptgewinn der gesamten Serie.
Mit welcher Wahrscheinlichkeit würde Albert im Anschluss daran auch einen Gewinn ziehen?

c) Beschreibe eine Situation, für die das Losexperiment aus Teilaufgabe 1 a) als Simulation dienen könnte.

Thema: Volumen des Prismas

2 Eine neue Ein-Liter-Getränkeverpackung soll die Form eines geraden dreiseitigen Prismas mit einem gleichschenklig-rechtwinkligen Dreieck als Grundfläche besitzen. Sie soll insgesamt nicht höher als 10 cm werden. Ermittle passende Maße dieser Verpackung und gib auch an, wie hoch die Flüssigkeit darin steht.

Thema: Volumen des Zylinders

3 Ein Würfel und ein Zylinder sind gleich hoch und haben dasselbe Fassungsvermögen.
Zeige, dass der Würfel den größeren Oberflächeninhalt besitzt, und gib den prozentualen Unterschied zum Würfel an.

Thema: Trigonometrische Funktionen

4 a) Ermittle ohne Verwendung des Taschenrechners für einen spitzen Winkel α mit $\cos\alpha = 0{,}8$ die Werte von $\sin\alpha$ und $\tan\alpha$.

b) Begründe oder widerlege die folgenden Aussagen:
„Verdoppelt sich der Steigungswinkel einer Straße, so verdoppelt sich auch die prozentuale Steigung der Geraden."

„Der Tangens eines spitzen Winkels im rechtwinkligen Dreieck ist genauso groß wie der Kehrwert des Tangens des anderen spitzen Winkels."

„Der Flächeninhalt eines gleichschenkligen Dreiecks mit Schenkellänge 5,0 m und dem Winkel 120° an der Spitze beträgt $A = (2{,}5\,\text{m})^2 \cdot \tan 60°$."

Beispiel C für eine dritte Schulaufgabe

Thema: Baumdiagramme und Pfadregeln

1 Kantinenwirt Esser bietet zwar jeden Tag mehrere Fleischgerichte im Abonnement an, serviert aber in zufälligem Wechsel immer nur eine von drei Beilagen. Thomas hat über einen längeren Zeitraum beobachtet, dass es an etwa 70 % aller Tage Reis, an 20 % Nudeln, an den restlichen Tagen Kartoffeln gibt.

a) Teresa mag keinen Reis. In der vergangenen Woche hat sie am Montag und am Dienstag in der Kantine gegessen.
Wie groß ist die Wahrscheinlichkeit dafür, dass sie insgesamt mit den Beilagen zufrieden war?

b) Kurt hat die Wahrscheinlichkeit dafür, dass es an zwei aufeinander folgenden Tagen jeweils keine Nudeln gibt, mit dem Term $1 - 0{,}1^2$ berechnet. Teresa meint dazu, dass er wohl zwei binomische Formeln verwechselt hat. Analysiere die beiden Aussagen.

c) Der Kantinenwirt hält nichts von Thomas' Beobachtungen und behauptet, dass er die drei Beilagen etwa gleich häufig serviert. Als Beleg führt er an, dass die Häufigkeit dafür, an zwei aufeinander folgenden Tagen höchstens einmal Reis auf dem Teller zu haben, nach seiner Beobachtung etwa 50 % beträgt.
Berechne daraus die Wahrscheinlichkeit für Reis als Beilage und beurteile die Aussage.

Thema: Prisma und Zylinder

2 Ein Rechteck, dessen eine Seite doppelt so lang ist wie die andere, rotiert um eine seiner beiden Achsen.

a) Vergleiche das Volumen der beiden entstehenden Körper. Begründe deine Antwort.

b) Welcher der beiden Körper wäre als Verpackung umweltfreundlicher (d. h. beispielsweise weniger Verpackungsmaterial bei gleichem Fassungsvermögen)?

c) Beschreibe ein Prisma, das dasselbe Fassungsvermögen besitzt wie der kleinere der beiden Körper.

Thema: Trigonometrische Funktionen

3 Von einem Punkt A einer Hochebene aus sieht man die Spitze eines Berges unter dem Winkel $\alpha = 11{,}5°$. Verringert sich die horizontale Entfernung von der Spitze um 8 km, so sieht man vom Punkt B den Gipfel unter dem Winkel $\beta = 35°$. Zwischen A und B liegen 600 Höhenmeter.

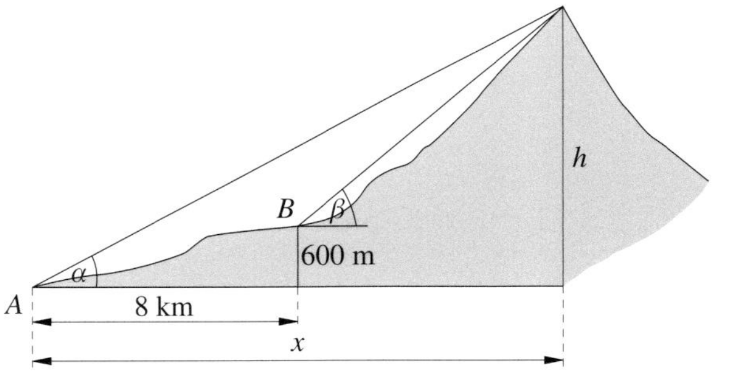

a) Gib Terme für $\tan\alpha$ bzw. $\tan\beta$ an, in denen nur noch Längenangaben und Variable vorkommen.

b) Mit welcher Höhe h erhebt sich die Bergspitze über der Hochebene?

 Arbeitszeit: 45 Minuten *Wertung:* 5|5|8 4|6|3 3|8

Das hättest du wissen müssen

Thema: Baumdiagramme und Pfadregeln

- Zufallsexperimente, bei denen mehrere Teilexperimente nacheinander oder nebeneinander ablaufen, bezeichnet man als **zusammengesetzte Zufallsexperimente**. Du kannst ihre Ergebnisse an Baumdiagrammen veranschaulichen. Jedes Ergebnis entspricht genau einem Pfad. Treten sehr viele Elementarereignisse auf, so ist es günstig, mehrere Pfade zusammenzufassen.

  Beispiel: Eine Urne enthält 10 weiße, 5 schwarze, 3 rote, 4 blaue und 5 gelbe Kugeln. Es werden 2 Kugeln nacheinander gezogen, ohne die bereits gezogene Kugel zurückzulegen.
  Interessiert man sich nur dafür, ob weiße Kugeln (w) gezogen werden, so könnte der Baum wie folgt aussehen:

  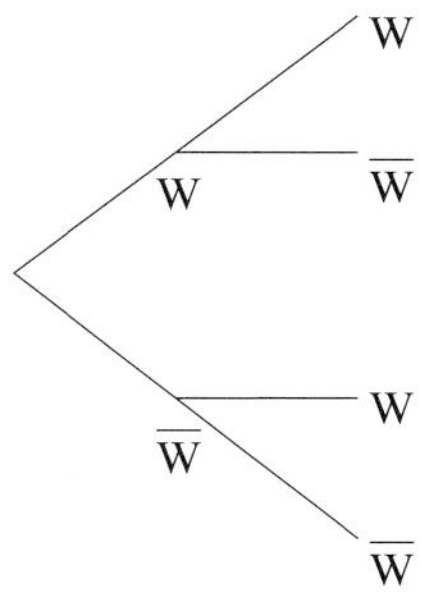

  Du erhältst also vier Ergebnisse, die allerdings sicher nicht alle gleich wahrscheinlich sind.
  $\Omega = \{(w|w), (w|\overline{w}), (\overline{w}|w), (\overline{w}|\overline{w})\}$

- An den Pfaden eines Baumdiagramms kannst du die zugehörigen Wahrscheinlichkeiten antragen. Dabei gelten folgende Regeln:
  Die Summe der Wahrscheinlichkeiten an den Ästen, die von einem Knoten ausgehen, ist 1.
  Die Wahrscheinlichkeit eines Ergebnisses ergibt sich als Produkt der Wahrscheinlichkeiten auf dem Pfad, der zu diesem Ergebnis führt („Pfadwahrscheinlichkeit“).
  Die Wahrscheinlichkeit eines Ereignisses ergibt sich als Summe der Pfadwahrscheinlichkeiten, die zu diesem Ereignis gehören.

  Beispiel: Führst du das obige Urnenexperiment durch und interessierst dich für die Wahrscheinlichkeit, mindestens eine weiße Kugel zu ziehen, so erhältst du mithilfe der Pfadregeln: P(„mindestens eine weiße Kugel“)
  $= P$(„genau eine weiße Kugel“) $+ P$(„zwei weiße Kugeln“)
  $= \left(\frac{10}{27} \cdot \frac{17}{26} + \frac{17}{27} \cdot \frac{10}{26}\right) + \frac{10}{27} \cdot \frac{9}{26} = \frac{215}{351}.$

  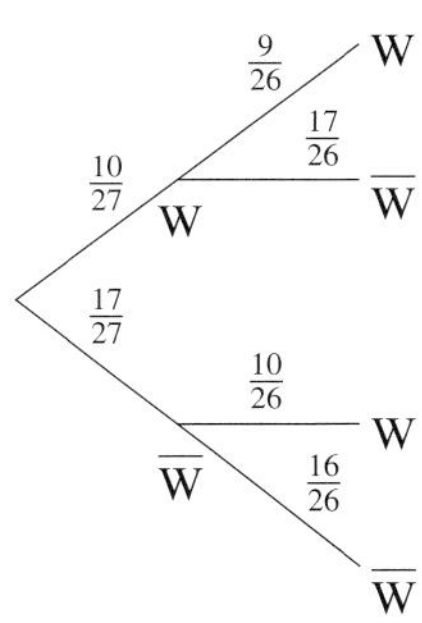

  Dieses Ergebnis kannst du einfacher ermitteln oder überprüfen, indem du die Wahrscheinlichkeit des Gegenereignisses verwendest:
  P(„mindestens eine weiße Kugel“) $= 1 - P$ („keine weiße Kugel“)
  $= 1 - \frac{17}{27} \cdot \frac{16}{26} = \frac{215}{351}.$

Thema: Simulation von Zufallsexperimenten

- In manchen Fällen kannst du die Wahrscheinlichkeit von Ereignissen (noch) nicht berechnen oder es erscheinen dir Ergebnisse unglaubwürdig. Dann kannst du experimentell vorgehen und das Zufallsexperiment so oft durchführen, bis sich nach dem empirischen Gesetz der großen Zahlen die relative Häufigkeit stabilisiert. Dies ist jedoch meist zu aufwändig oder manchmal sogar unmöglich (z. B. Wahlergebnisse) und es bietet sich an, das Experiment unter vereinfachten Bedingungen nachzuspielen. Dieses Vorgehen bezeichnet man als **Simulation**. Hilfsmittel dafür sind Urnen, Münzen, Würfel, Karten, das Hütchenspiel oder im besonderen Zufallszahlen, die du auch in Tabellen findest. Du kannst Zufallszahlen auch selbst mit dem Taschenrechner oder dem Computer erzeugen.

- Eine Simulation besteht aus drei Phasen:
  - Finde zunächst ein leicht durchführbares Zufallsexperiment, das dem ursprünglichen Problem entspricht.
  - Wiederhole dann dieses Simulationsexperiment genügend oft.
  - Übertrage die Ergebnisse der Simulation auf die ursprüngliche Fragestellung.

  Beispiel: Eine Familie hat zwei Kinder, das Älteste ist ein Mädchen. Mit welcher Wahrscheinlichkeit hat sie eine Schwester? Zur Simulation kannst du z. B. mit der Randomtaste Zufallszahlen mit je drei Ziffern erzeugen, von denen du jeweils nur die ersten zwei berücksichtigst. Falls „Mädchen" eine gerade Ziffer bedeuten soll, so suchst du unter den Zahlen mit einer geraden Ziffer zu Beginn diejenigen heraus, die auch als zweites eine gerade Ziffer besitzen. Beispielsweise hat sich bei einem ersten Versuch ergeben, dass unter 53 passenden Ziffernpaaren 23 mit zwei geraden Ziffern sind. Die relative Häufigkeit für das Ereignis wäre demnach etwa 43 %. Eine Versuchswiederholung ergab unter 60 Zahlen 32 passende, was einer relativen Häufigkeit von etwa 53 % entspricht. Wiederholst du das Experiment mit weiteren Zufallszahlen, so erhältst du einen immer besseren Schätzwert für die gesuchte Wahrscheinlichkeit (0,5).

Thema: Trigonometrie

- In jedem rechtwinkligen Dreieck mit einer Hypotenuse und zwei Katheten bezeichnet man die einem Winkel gegenüberliegende Kathete als Gegenkathete, die anliegende als Ankathete. Da rechtwinklige Dreiecke, die zusätzlich in einem spitzen Winkel übereinstimmen, zueinander ähnlich sind, sind alle Seitenverhältnisse in solchen Dreiecken eindeutig festgelegt. Diese Seitenverhältnisse werden folgendermaßen als trigonometrische Funktionen definiert:

- $\sin\alpha = \frac{\text{Gegenkathete}}{\text{Hypotenuse}}$ (**Sinus** von α), $\cos\alpha = \frac{\text{Ankathete}}{\text{Hypotenuse}}$ (**Kosinus** von α),

  $\tan\alpha = \frac{\text{Gegenkathete}}{\text{Ankathete}}$ (**Tangens** von α).

- Für alle Winkel α mit $0 \le \alpha < 90°$ gelten die folgenden Zusammenhänge:
  - $\sin(90° - \alpha) = \cos\alpha$
  - $\cos(90° - \alpha) = \sin\alpha$
  - $\tan\alpha = \frac{\sin\alpha}{\cos\alpha}$
  - $(\sin\alpha)^2 + (\cos\alpha)^2 = 1$ („trigonometrischer Pythagoras")

  Mit diesen Beziehungen kannst du aus einem vorgegebenen Wert eines solchen Seitenverhältnisses andere Werte berechnen.

  Beispiel: Berechne Werte anderer trigonometrischer Funktionen aus $\sin\alpha = \frac{4}{5}$, ohne den Winkel z. B. mit dem Taschenrechner zu ermitteln.

  Lösung: $\cos\alpha = \sqrt{1 - (\sin\alpha)^2} = \sqrt{1 - \frac{16}{25}} = \sqrt{\frac{9}{25}} = \frac{3}{5}$; $\tan\alpha = \frac{0{,}8}{0{,}6} = \frac{4}{3}$; $\sin(90° - \alpha) = 0{,}8$; $\cos(90° - \alpha) = 0{,}6$

- Werte trigonometrischer Funktionen lassen sich für besondere Winkel (30°, 45°, 60°) z. B. mithilfe des Satzes von Pythagoras berechnen. Diese besonderen Werte solltest du auswendig wissen, da der Taschenrechner stets nur Näherungswerte angibt.

Beispiel: Berechne die Werte der Winkelfunktionen zum Winkel 30°.

Lösung: Die Höhe in einem gleichseitigen Dreieck mit Seitenlänge a teilt das Dreieck in zwei rechtwinklige Dreiecke mit Winkeln 30° bzw. 60°. Diese Höhe ergibt sich mithilfe des Satzes von Pythagoras als $h = \frac{a}{2}\sqrt{3}$. Sie ist Ankathete des 30°-Winkels im rechtwinkligen Teildreieck. Es ergibt sich $\cos 30° = \frac{\frac{a}{2}\sqrt{3}}{a} = \frac{1}{2}\sqrt{3}$, $\sin 30° = \frac{\frac{a}{2}}{a} = 0{,}5$ bzw. $\tan 30° = \frac{\sin 30°}{\cos 30°} = \frac{1}{3}\sqrt{3}$.

- Ist der Taschenrechner auf Winkel im Gradmaß (DEG) eingestellt, so kannst du Näherungswerte für Sinus, Kosinus und Tangens mithilfe der entsprechenden Tasten (sin, cos, tan) ermitteln. Umgekehrt findest du zu vorgegebenen Werten trigonometrischer Funktionen mit einer Tastenkombination (z. B. SHIFT cos 0,53 = 57,99454517°) den passenden spitzen Winkel.

- Mithilfe **trigonometrischer Funktionen** kannst du Berechnungen an Dreiecken durchführen, um z. B. Streckenlängen im Gelände zu ermitteln. Gehe dabei wie folgt vor:
  - Zeichne eine Skizze und finde darin rechtwinklige Dreiecke. Markiere gesuchte Streckenlängen mit Farbe.
  - Verwende Beziehungen im rechtwinkligen Dreieck, um weitere Streckenlängen oder Winkel zu berechnen. Dabei kann auch der Satz von Pythagoras hilfreich sein.
  - Überprüfe deine Lösung auf sinnvolle Genauigkeit und formuliere eine Antwort.

Beispiel: Der Schatten der Cheopspyramide ist etwa 41 m lang, wenn die Sonnenstrahlen wie in der Skizze unter einem Winkel von etwa 50° auf dem Boden auftreffen. Wie hoch ist die Pyramide, wenn eine Kante der Grundfläche 231 m misst? Wie groß ist der Neigungswinkel einer Seitenkante dieser Pyramide gegen die Grundfläche?

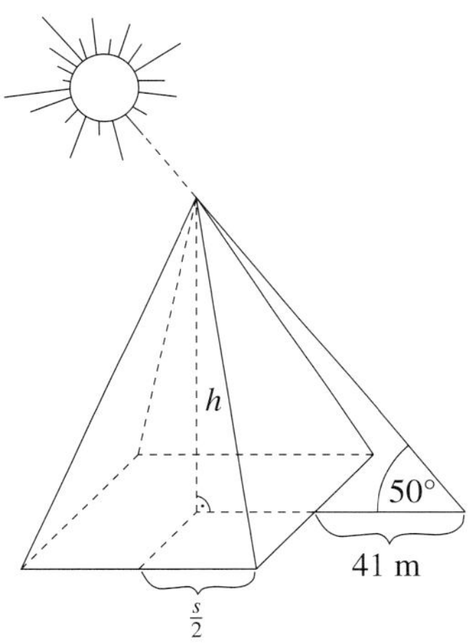

Lösung: Die Skizze zeigt: $\tan 50° = \frac{h}{41\,\text{m} + 231\,\text{m} : 2}$
Damit erhältst du $h \approx 187$ m.
In einem geeigneten Stützdreieck entspricht der gesuchte Neigungswinkel dem Winkel zwischen Seitenkante und Diagonalen der Grundfläche. Mit $\tan \alpha = \frac{187\,\text{m}}{(231 : 2)\sqrt{2}\,\text{m}}$ erhältst du für α etwa 49°.

Thema: Volumen von Prisma und Zylinder

- Das Volumen eines geraden **Prismas** ist das Produkt aus dem Flächeninhalt G der Grundfläche und der Höhe h des Prismas: $V_P = G \cdot h$. Für die Spezialfälle Quader und Würfel kennst du bereits die Terme $V_{\text{Quader}} = l \cdot b \cdot h$ bzw. $V_{\text{Würfel}} = s^3$.

- Erhöhst du bei einem geraden Prisma mit einem n-Eck als Grundfläche die Eckenzahl immer mehr, so nähert sich das Prisma in seiner Gestalt einem geraden **Kreiszylinder** an. Für das Volumen eines Zylinders ergibt sich daher: $V_{\text{Zylinder}} = G_Z \cdot h = r^2 \pi h$, wenn r der Radius des Zylinders und h seine Höhe ist.

Beispiel A für eine vierte Schulaufgabe · Teil I

Thema: Volumen der Pyramide

1 Alle Kanten einer quadratischen Pyramide sind gleich lang.

a) Zeichne eine Schrägbildskizze und berechne den Neigungswinkel einer Seitenflächenhöhe gegen die Grundfläche für die Kantenlänge 5 cm. Wie wirkt sich eine Änderung der Kantenlänge auf diesen Neigungswinkel aus? Begründe deine Antwort.

b) Berechne das Volumen und den Oberflächeninhalt der Pyramide für die Kantenlänge 5 cm.

Thema: Extremwertaufgabe

2 Die Basis eines gleichschenkligen Dreiecks misst 14 cm, die zugehörige Höhe ist 10 cm kürzer. Verkürzt man die Basis auf beiden Seiten um x cm und verlängert gleichzeitig die zugehörige Höhe um x cm, so entsteht wieder ein gleichschenkliges Dreieck.

a) Begründe, dass der Flächeninhalt A des neu entstandenen Dreiecks mit $A(x) = -x^2 + 3x + 28$ beschrieben werden kann.

b) Begründe, dass der Flächeninhalt A aus a) maximal wird, und ermittle Basislänge und Höhe des zugehörigen Dreiecks.

3 Eine Gerade $y = mx + t$ heißt Tangente an eine Parabel, wenn sie genau einen Schnittpunkt mit der Parabel hat. Eine Gerade g hat mit der Parabel $y = -0{,}5x^2 + 2x$ den Punkt $P(4|?)$ gemeinsam.

a) Wie groß ist die Steigung der Geraden g, wenn sie die y-Achse in $T(0|3)$ schneidet?

b) Geraden durch $P(4|0)$ können durch die Gleichung $y = mx - 4m$ beschrieben werden. Ermittle durch Rechnung die *Anzahl* der Schnittpunkte derartiger Geraden mit obiger Parabel. Gib die Gleichung der Tangente an die Parabel an.

c) Zeichne die Parabel und die Tangente t in P und ermittle damit die Gleichung der Tangente h, die bezüglich der Parabelachse symmetrisch zur Tangente t liegt.

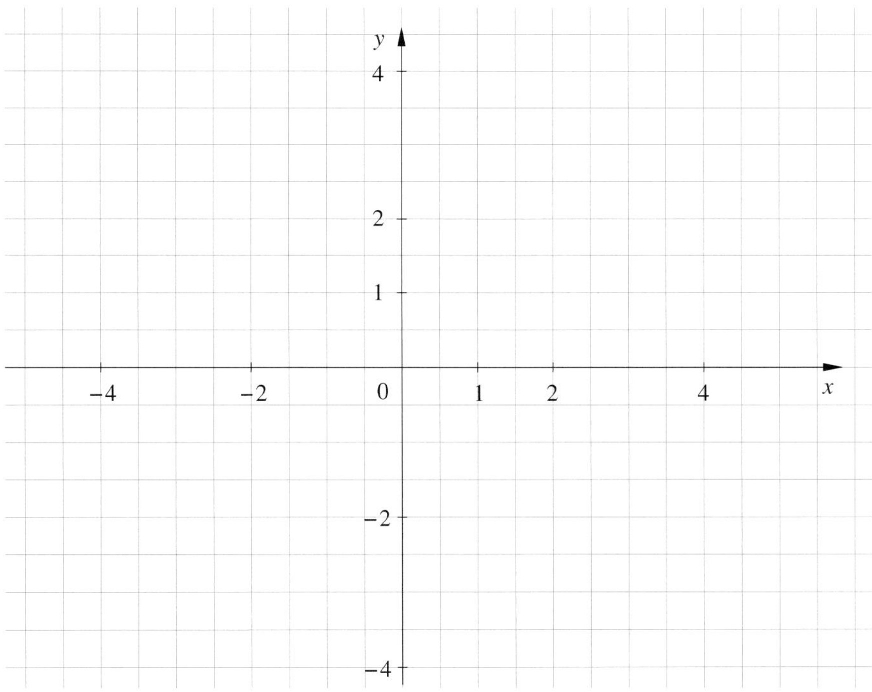

Beispiel A für eine vierte Schulaufgabe · Teil II

Thema: Potenzen mit rationalen Exponenten

1 a) Erkläre, was man unter $\sqrt[4]{13}$ versteht. Gib eine andere Schreibweise für diese Zahl an.

b) Schreibe als eine einzige Wurzel und so einfach wie möglich: $\frac{6a^{-\frac{3}{5}} \cdot b^{\frac{3}{4}}}{6^{\frac{7}{5}} \cdot a^{\frac{1}{4}}}$

Thema: Volumen des Kegels

2 Ein zylinderförmiger und ein kegelförmiger Becher, die beide als größten Innendurchmesser 10 cm besitzen und jeweils 15 cm hoch sind, sollen als Messbecher geeicht werden. Um wie viel Zentimeter befindet sich die Markierung für 100 cm^3 im kegelförmigen Becher höher als im Zylinder? Hinweis: Der Strahlensatz hilft dir weiter.

*Thema: Lösen von Gleichungssystemen**

3 Löse das Gleichungssystem und mache die Probe:

(I) $2x - y = 4$

(II) $2y - z = 4$

(III) $2x - z = 4$

Thema: Anpassen von Funktionen

4 Prüfe, ob die vier Punkte $P(0|-3)$; $Q(-1{,}5|-3{,}5)$; $R(2|1)$ und $S(-3|-1{,}5)$ auf einer Parabel liegen. Falls es stimmt, gib eine Gleichung der zugehörigen Funktion an, falls nicht, korrigiere eine Koordinate so, dass die vier Punkte tatsächlich auf einer Parabel liegen.

Arbeitszeit: 35 Minuten *Wertung:* 3|5 9 6 10

Beispiel B für eine vierte Schulaufgabe

Thema: Volumen von Körpern

1 Einem geraden Kegel der Höhe h wird in der Höhe $\frac{h}{2}$ ein Zylinder einbeschrieben.

a) Zeichne einen Schnitt durch den Kegel entlang der Kegelhöhe und berechne, wie viel Prozent des Kegelvolumens vom Zylinder eingenommen wird.

b) Gib Maße einer Pyramide an, die dasselbe Volumen wie der einbeschriebene Zylinder hat. Die Pyramide soll auch dieselbe Höhe wie der Zylinder besitzen.

Thema: Extremwertaufgaben

2 Eine Gerade g verläuft durch $P(0|3)$ und $Q(9|0)$. Die Verbindungsstrecke zwischen dem Ursprung des Koordinatensystems und einem beliebigen Punkt X dieser Geraden wird als Seitenlänge eines Quadrats verwendet. Verschiebt man diesen Punkt X auf der Geraden, entstehen auf diese Weise verschiedene Quadrate.
Berechne die Seitenlänge des Quadrats mit dem kleinstmöglichen Flächeninhalt.

Thema: Schnittpunkte von Graphen

3 a) Bestimme durch Rechnung die Koordinaten der Schnittpunkte der Graphen zu den Funktionen f und g mit den Funktionsgleichungen $f(x) = 3 + \frac{1}{x-2}$, $x \neq 2$ und $g(x) = 0{,}5x + 2$.

b) Eine Gerade h verläuft ebenfalls durch den Punkt $P(2|3)$. Für welche Werte der Steigung von h hat die Gerade keine Schnittpunkte mit dem Graphen von f aus a)? Löse graphisch in einem Koordinatensystem.

*Thema: Gleichungssysteme**

4 Die Summe dreier Zahlen ist 27. Das arithmetische Mittel des kleinsten und größten der drei Summanden ergibt den mittleren, die zwei kleineren verhalten sich wie eins zu zwei. Ermittle die drei Summanden.

Beispiel C für eine vierte Schulaufgabe

Thema: Potenzen

1 a) Schreibe den Term b^{2k-4} ($k \in \mathbb{Z}$) als Produkt von Potenzen, als Quotient von Potenzen sowie als Potenz einer Potenz. Für $k < 0$ soll der Term auch ohne negativen Exponenten dargestellt werden.

b) Ermittle den Wert des Terms b^{2k-4} ohne Taschenrechner für $b = 2$ und $k = \frac{4}{3}$. Das Ergebnis soll im Nenner nur rationale Zahlen enthalten.

Thema: Lösen von Gleichungen

2 Ermittle Definitions- und Lösungsmenge der Gleichung $\frac{2-x}{x+1} = \frac{3-4x}{x}$.

Thema: Extremwertaufgaben

3 Mit 100 m Maschendrahtzaun möchte ein Schäfer auf einer Wiese einen möglichst großen rechteckigen Pferch für seine Schafe abstecken. Den elektrischen Weidezaun einer Pferdekoppel kann er auf einer Seite als Abgrenzung nutzen.

a) Berechne den maximalen Flächeninhalt des Pferchs.

b) Wäre der elektrische Weidezaun nicht vorhanden, müsste der Schäfer ein Quadrat abstecken. Paul behauptet, dass dann ein kreisrunder Schafspferch mehr Platz böte. Überprüfe diese Aussage. Ist Pauls Vorhaben sinnvoll?

Thema: Volumen von Kegel und Zylinder

4 Schneidet man einen geraden Kegel längs seiner Achse durch, so entsteht ein Dreieck mit einem Winkel, der 105° misst.

a) Berechne das Volumen des Kegels, wenn er 5,0 cm hoch ist.

b) Der Inhalt des zu 80 % mit Wasser gefüllten Kegels wird in ein zylindrisches Becherglas mit 8,0 cm Durchmesser umgeschüttet. Wie hoch steht die Flüssigkeit im Becherglas?

Thema: Anpassen von Funktionen

5 Hans hatte die Aufgabe, durch die Punkte $A(0|1)$, $B(1|0)$ und $C(3|16)$ eine Parabel mit Scheitel B zu legen. Er behauptet, diese Aufgabe mithilfe eines Gleichungssystems erfolgreich gelöst zu haben. Anna bezweifelt seine Aussage. Entscheide durch sorgfältige Argumentation.

Arbeitszeit: 45 Minuten

Wertung: 5|4 7 6|6 5|5 7

Das hättest du wissen müssen

4

Thema: Potenzen mit rationalen Exponenten

- Als Erweiterung der Definition von $\sqrt{a}$ mit $a \geq 0$ erklärt man zu jeder nichtnegativen reellen Zahl a die ***n*-te Wurzel** aus a als diejenige nichtnegative Zahl, deren n-te Potenz die Zahl a ergibt. Das bedeutet, dass $\sqrt[n]{a}$ die nichtnegative Lösung der Gleichung $x^n = a$ ist. Man verwendet als äquivalente Schreibweise $\sqrt[n]{a} = a^{\frac{1}{n}}$ und bezeichnet a wieder als **Radikand** der n-ten Wurzel. Nur für natürliche Zahlen n ist es sinnvoll, von einer n-ten Wurzel zu sprechen.

  Beispiel: $\sqrt[4]{16} = 2$, weil $2^4 = 16$ ist. $\sqrt[4]{16}$ ist die positive Lösung der Gleichung $x^4 = 16$.
  Diese Gleichung hat auch noch $-\sqrt[4]{16} = -2$ als weitere reelle Lösung.

- Für Potenzen mit rationalen Exponenten gelten alle Rechenregeln, die du schon für Potenzen mit ganzzahligen Exponenten kennen gelernt hast:
  - Potenzen mit gleicher Basis kann man multiplizieren (dividieren), indem man die gemeinsame Basis mit der Summe (der Differenz) der Exponenten potenziert.
  - Potenzen mit gleichen Exponenten kann man multiplizieren (dividieren), indem man das Produkt (den Quotienten) der Basen mit dem gemeinsamen Exponenten potenziert.
  - Eine Potenz kann man potenzieren, indem man die Basis mit dem Produkt der Exponenten potenziert.

- Verwendet man rationale Exponenten, so lässt sich die Wurzelschreibweise vollständig durch die **Potenzschreibweise** ersetzen:
  Für alle positiven reellen Zahlen a ist $\sqrt[n]{a^m} = a^{\frac{m}{n}} \quad (m \in \mathbb{Z})$.

  Beispiel: Vereinfache den Term $\sqrt[3]{\frac{a^2}{b\,c^{-0,5}}} \cdot \sqrt[5]{\frac{b^{-2}}{(a\,c)^{2,5}}}$. Das Ergebnis soll keine Bruchstriche mehr enthalten.

  $$\sqrt[3]{\frac{a^2}{b\,c^{-0,5}}} \cdot \sqrt[5]{\frac{b^{-2}}{(a\,c)^{2,5}}} = a^{\frac{2}{3}} \cdot (b\,c^{-0,5})^{-\frac{1}{3}} \cdot b^{-\frac{2}{5}} \cdot (a\,c)^{2,5 \cdot \left(-\frac{1}{5}\right)} = a^{\frac{2}{3}+(-0,5)} \cdot b^{-\frac{1}{3}+\left(-\frac{2}{5}\right)} \cdot c^{\frac{1}{6}+(-0,5)} =$$

  $$a^{\frac{1}{6}} \cdot b^{-\frac{11}{15}} \cdot c^{-\frac{1}{3}} = \sqrt[6]{a} \cdot \sqrt[15]{b^{-11}} \cdot \sqrt[3]{c^{-1}}$$

Thema: Volumen von Pyramide und Kegel

- Auch mit dem **Prinzip von Cavalieri** kann man nachweisen, dass Pyramiden, die im Flächeninhalt der Grundfläche und der Höhe h übereinstimmen, dasselbe Volumen besitzen. Da ein dreiseitiges Prisma von drei volumengleichen Pyramiden vollständig ausgefüllt wird, ist das Volumen einer dieser Pyramiden ein Drittel des Volumens des Prismas. Als Formel kennst du:

  $$V_{\text{Pyramide}} = \frac{1}{3} \cdot G_{Py} \cdot h$$

- Erhöht man die Eckenzahl einer geraden Pyramide immer weiter, so nähert sie sich einem geraden Kreiskegel an. Für das **Volumen eines Kegels** mit Höhe h und Radius r bedeutet dies:

  $$V_{\text{Kegel}} = \frac{1}{3} \cdot G_K \cdot h = \frac{1}{3} r^2 \pi \cdot h$$

- Schneidet man Pyramide oder Kegel in einer bestimmten Höhe parallel zur Grundfläche durch, so erhält man mithilfe des Strahlensatzes z. B. den Radius der Schnittfigur.

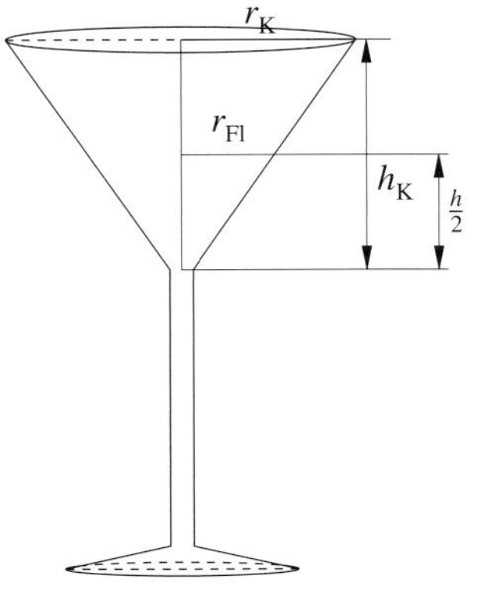

Beispiel: Ein kegelförmiges Sektglas ist bis zur halben Höhe gefüllt. Wie groß ist das Volumen der Flüssigkeit verglichen mit dem Volumen des Glases?

Lösung: $V_{\text{Flüssigkeit}} = \frac{1}{3}r'^2\pi \cdot h'$ wobei $\frac{r'}{h'} = \frac{r}{h}$ und $h' = \frac{1}{2}h$ gilt.

Also ist $r' = \frac{1}{2}r$; du erhältst als Volumen der Flüssigkeit

$V_{\text{Fl}} = \frac{1}{3}\left(\frac{1}{2}r\right)^2\pi \cdot \frac{1}{2}h = \frac{1}{8} \cdot \frac{1}{3}r^2\pi h$. Daher ist das Volumen der Flüssigkeit ein Achtel des gesamten Kegelvolumens.

Thema: Schnittpunkte von Graphen; Gleichungen

- Zur rechnerischen Bestimmung gemeinsamer Punkte von zwei Funktionsgraphen verwendest du den **Schnittpunktansatz**, d. h. du setzt die beiden Funktionsterme gleich. Zur entstehenden Gleichung musst du Definitions- und Lösungsmenge ermitteln. Gehören die Lösungen der Gleichung zu ihrer Definitionsmenge, so sind es die x-Koordinaten der gesuchten Schnittpunkte. Die y-Koordinaten findest du durch Einsetzen in einen der Funktionsterme.
  Um beispielsweise Schnittpunkte von Hyperbeln und Geraden zu finden, musst du eine Bruchgleichung z. B. durch Über-Kreuz-Multiplizieren lösen. Die möglicherweise entstehende quadratische Gleichung kannst du auch mit der Lösungsformel bearbeiten.

- Näherungswerte für die Koordinaten von Schnittpunkten zweier Graphen kannst du auch im Koordinatensystem ermitteln. Gleichungen der Form $f(x) = g(x)$ sind dabei meist einfacher graphisch zu bearbeiten als nach Umformung die Gleichung $f(x) - g(x) = 0$.

Beispiel: Ermittle die Schnittpunkte der Graphen zu $f(x) = \frac{x}{1-x}$; $x \neq 1$ und $g(x) = 2x$.

Lösung: $D = \mathbb{R}\setminus\{1\}$
Die aus der Zeichnung abgelesenen Schnittpunkte sind $P(0|0)$; $Q(0{,}5|1)$. Nach Über-Kreuz-Multiplizieren erhältst du: $x = 2x(1-x)$ bzw. nach Umformen $2x^2 - x = 0$. Ausklammern von x führt schnell zu den beiden Lösungen $x = 0$ und $x = 0{,}5$, die beide in der Definitionsmenge liegen. Einsetzen dieser ersten Koordinaten z. B. in die Gleichung von g bestätigen die Koordinaten der graphisch ermittelten Schnittpunkte.

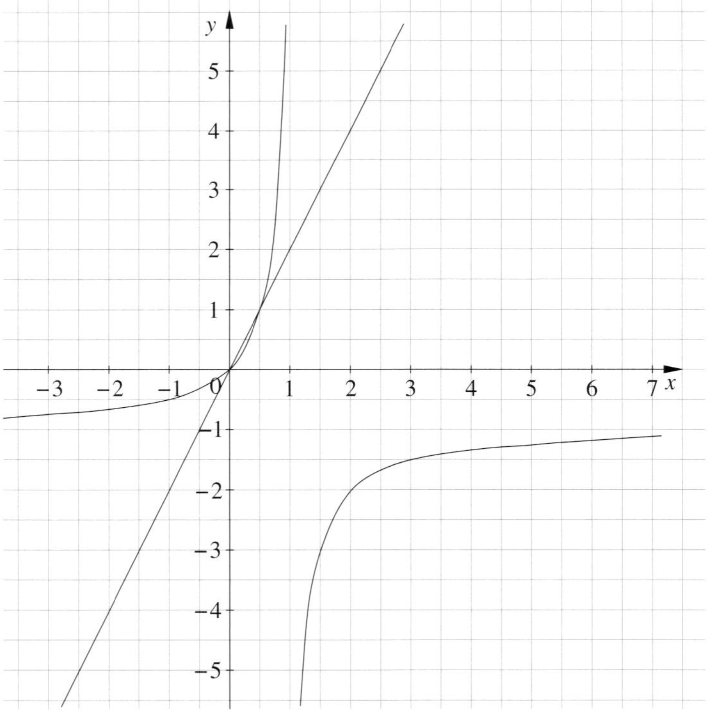

Thema: Extremwertprobleme

- Bei einem **Extremwertproblem** sollst du herausfinden, unter welcher Bedingung der Wert einer Größe maximal oder minimal ist. Verwende Beispiele oder Skizzen, um den Sachverhalt zu veranschaulichen, und notiere die entscheidenden Größen sowie alle Zusammenhänge zwischen diesen. Führe Variable ein und erstelle eine Funktionsgleichung für die Größe, deren Wert maximal oder minimal werden soll. In speziellen Fällen – z. B. bei einem quadratische Funktionsterm – kannst du die Lösung ohne weitere Hilfsmittel wie beispielsweise ein CAS errechnen.

  Beispiel: Zwei Zahlen unterscheiden sich um 5. Der Wert ihres Produkts soll minimal sein. Wie heißen die beiden Zahlen?

  Lösung: Bezeichne die Zahlen mit x bzw. y, so ist $x - y = 5$. Den Wert f ihres Produkts kannst du als $f(x; y) = xy$ oder $f(x) = x(x-5)$ darstellen. Der Scheitel der zugehörigen Parabel ist $S\left(\frac{0+5}{2}\middle|-2{,}5^2\right)$. Die Zahlen sind deshalb 2,5 und – 2,5. Der minimale Produktwert ist – 6,25.

Thema: Modellieren mit Funktionen

- Weißt du, dass Punkte auf dem Graphen einer quadratischen Funktion liegen, so kannst du die Gleichung dieser Funktion mithilfe eines Gleichungssystems erstellen. Es reduziert sich auf eine Gleichung mit einer Unbekannten, falls du den Scheitel der Parabel kennst, da du die Scheitelpunktform verwenden kannst. Man spricht in beiden Fällen von **Anpassen einer quadratischen Funktion**. Wenn du eine Lösung gefunden hast, musst du unbedingt die Probe machen, da unter Umständen zwar das von dir verwendete Gleichungssystem eine Lösung besitzt, diese aber nicht alle Forderungen erfüllt, die an die quadratische Funktion gestellt wurden.

  Beispiel: Durch die Punkte $P(-4|2)$ und $Q(0|5)$ soll eine Parabel mit Scheitel $S(-1|6)$ gelegt werden. Gibt es eine quadratische Funktion, die diese Forderungen erfüllt?

  Lösung: Mithilfe der Scheitelpunktform erhältst du $f(x) = a(x+1)^2 + 6$. Mit den Koordinaten von Q ergibt sich $a = \frac{5-6}{1} = -1$. Es kann sich also nur um eine nach unten geöffnete Normalparabel handeln. Die zweite Koordinate von P müsste dann aber $-(-4+1)^2 + 6 = -3$ heißen. Die Bedingungen an die quadratische Funktion sind also nicht erfüllbar.

- Ergibt sich beim Anpassen einer quadratischen Funktion ein **Gleichungssystem aus drei Gleichungen mit drei Unbekannten***, so musst du – z. B. mit dem Einsetzungs-, dem Additions- oder dem Gleichsetzungsverfahren – versuchen, daraus ein System aus zwei Gleichungen mit zwei Unbekannten zu erhalten, das du dann auf eine Gleichung mit einer Unbekannten reduzierst.
  Beispiel: Der Graph einer quadratischen Funktion $f(x) = ax^2 + bx + c$ verläuft durch die Punkte $P(-1|4)$, $Q(2|0)$ und $R(1|-2)$. Einsetzen der Koordinaten der drei Punkte anstelle von x bzw. y ergibt das Gleichungssystem:
  (I) $a - b + c = 4$
  (II) $4a + 2b + c = 0$
  (III) $a + b + c = -2$
  Subtrahierst du (III) von (I), so erhältst du $-2b = 6$ und somit $b = -3$. Einsetzen dieses Ergebnisses in (II) und (I) und anschließendes Subtrahieren der Gleichung (I) ergibt: $4a - a - 6 - 3 = 0 - 4$ bzw. $3a = 5$ oder $a = \frac{5}{3}$. Einsetzen z. B. in die erste Gleichung liefert $c = -\frac{2}{3}$. Die Gleichung der quadratischen Funktion lautet $f(x) = \frac{5}{3}x^2 - 3x - \frac{2}{3}$. Einsetzen der ersten Koordinaten der drei vorgegebenen Punkte bestätigt, dass alle auf dem Graphen der Funktion f liegen.

Beispiel für einen Test über den Jahresstoff der 9. Klasse

Thema: Rechnen mit Wurzeln

1 Kreuze die beiden Zahlen an, die denselben Wert besitzen:

☐ $2\sqrt{3} - 3$ ☐ $-\frac{1}{2}$ ☐ $\frac{\sqrt{3}}{\sqrt{3} - 2}$ ☐ -2 ☐ $-3 - 2\sqrt{3}$ **1P**

Thema: Normalparabel

2 Die beiden Punkte $A\,(-a\,|\,a^2)$ und $B\,(b\,|\,b^2)$ liegen für positive Zahlen a bzw. b auf der Normalparabel.

a) Ermittle einen möglichst einfachen Term für die Steigung der Geraden AB.

______________________________ **1P**

b) Begründe, dass die Gerade AB die y-Achse an der Stelle $a\,b$ schneidet.

____

______________________________ **1P**

c) Beschreibe, wie man mithilfe der Parabelschablone zwei positive Zahlen multiplizieren kann.

____

______________________________ **2P**

Thema: Volumen von Prisma und Zylinder

3 a) In einer quaderförmigen Schachtel ist eine zylindrische Vase so verpackt, dass sie alle Seitenflächen der Schachtel berührt. Wie viel Prozent des Schachtelvolumens sind durch die Vase genutzt?

____

____

______________________________ **2P**

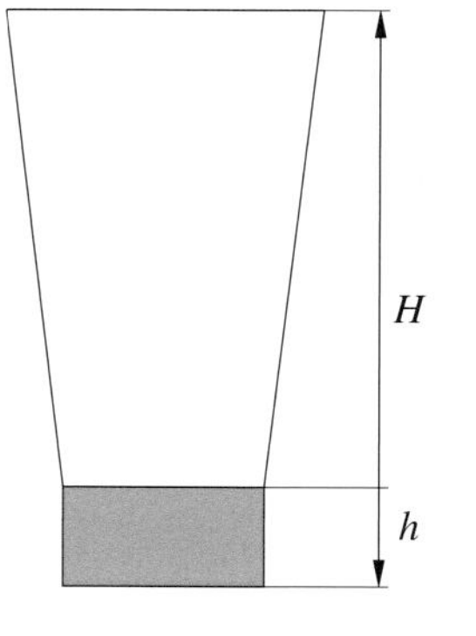

b) Die Regentonne rechts mit einem Fassungsvermögen von 200 Liter steht auf einem zylindrischen Sockel. Seine Höhe h beträgt 15 % der Höhe H der Tonne. Welches Volumen kann der Sockel haben?

☐ 15 l ☐ 26 l ☐ 30 l

☐ 34 l ☐ 50 l **1P**

Thema: Kegel

4 a) Von einem geraden Kreiskegel sind die Länge der Mantellinie m und deren Neigungswinkel α gegen die Grundfläche bekannt. Gib einen Term an, mit dem daraus das Kegelvolumen berechnet werden kann.

1P

b) Ein kegelförmiges Glas ist bis zum halben Volumen gefüllt. Wie hoch steht die Flüssigkeit im Glas? Die Antwort ist als Bruchteil der Glashöhe angegeben.

☐ $0{,}5$ ☐ $\sqrt[3]{0{,}5}$ ☐ $\sqrt{0{,}5}$

1P

Thema: Quadratische Gleichungen

5 Löse die Gleichung $0{,}5x^2 - 2 = x$ mithilfe geeigneter Graphen im Koordinatensystem. **2P**

Thema: Gleichungssysteme

6 Ein Schüler hat begonnen, die Gleichung einer Parabel zu ermitteln. Liegt der Ursprung auf dieser Parabel? Argumentiere sorgfältig. **2P**

(I) $1{,}5 = 9a + 3b + c$

(II) $1{,}5 = a - b + c$

(III) $0 = 4a + 2b + c$

Thema: Pyramide; trigonometrische Funktionen

7 a) Die Grundfläche einer dreiseitigen Pyramide $ABCS$ mit Höhe 4,0 cm ist ein rechtwinkliges Dreieck mit den Katheten 6,0 cm und 8,0 cm.
Welche Kantenlängen hat eine volumengleiche, gerade quadratische Pyramide mit derselben Höhe?

2P

b) Begründe, ob an einer geraden quadratischen Pyramide der Neigungswinkel der Seitenkante gegen die Grundfläche größer oder kleiner als der Neigungswinkel der Seitenfläche gegen die Grundfläche ist.

1P

Thema: Lösen von Gleichungen

8 Ermittle die Lösungen der Gleichung $\frac{2x-1}{2-x} = 1 - 2x$.

2P

Thema: Zusammengesetzte Zufallsexperimente

9 Eine Umfrage im Februar 2002 hat ergeben, dass für 72 Prozent aller Deutschen die Ehe ideal ist. Dabei wurde aber auch angegeben, dass sieben Prozent aller Deutschen, neun Prozent der Männer und sechs Prozent der Frauen, eine einseitige parallele Beziehung ihres Partners tolerieren würden. Wie viel Prozent aller Deutschen sind nach den Ergebnissen dieser Umfrage Männer? Begründe deine Antwort!

☐ 50% ☐ 60% ☐ 33%

2P

 Arbeitszeit: 40 Minuten

Note	1	2	3	4	5	6
Punkte	21-16	15-13	12-10	9-7	6-4	3-0